L'API CULTURE

en bande dessinée

作 者 ————————————————————

伊夫‧顧斯坦（Yves Gustin）

熱愛大自然的法國漫畫家，在法國中部的鄉村，與大自然和諧相處，並致力於學習各種傳統技藝，以求對環境造成最小傷害。二十年養蜂經驗，並花多年時間繪製本書。他也著迷於美洲原住民的生存技巧，並繪製了第二本書《Le guide de la survie en 1500 dessins》（生存指南1500招）。

譯 者 ————————————————————

劉永智

曾寫過三本《頂級酒莊傳奇》系列葡萄酒書，現在邁入第四本酒書，不過其實他生平寫的第一本書是《覓蜜》（新版《品蜜》也於2017年出版）。 品蜜探蜂，他曾徒步來回八天走在尼泊爾的重山峻嶺中，只為一探黑大蜜蜂的原生地，也跑去中國大陸湖北神農架深山觀察岩壁蜂箱裡的中蜂，品過傳說中會讓人中毒的杜鵑花蜂蜜以及少見的大陸中蜂「陝西熊貓森林蜜」，還去上過「農委會苗栗農改場的養蜂班」，現希望能多譯介與蜜蜂相關書籍，為養蜂知識以及蜜蜂生態的推廣盡一份心力。

圖解蜜蜂與養蜂

作者 ——— 伊夫・顧斯坦 Yves Gustin
譯者 ——— 劉永智 Jason Liu

審訂 ——— 楊恩誠

認識蜜蜂的一生,學習如何飼養、愛護蜜蜂,
從製作蜂箱到採蜜的全面自學指南

前言

為了撰寫本書的文字與繪圖，我耗費了許多光陰與熱情，致力於相關研究。這種閱讀大量資料以學習如何養蜂的方法，如今仍是最有效的，一點都不過時，因為這就是最簡單易懂的方法。

自古以來，養蜂的方法萬變不離其宗，改變的只有養蜂的工具。

書中所撰寫的所有內容，都源自與養蜂前輩多年合作的實驗成果。藉由前輩的不吝賜教以及針對相關議題的廣泛研讀，我希望寫出最自然且簡單的養蜂方法。我期待讀者在詳細閱讀以及進行實務操作後，能夠像我一樣，發現養蜂學令人不可自拔的迷人之處。

我的養蜂知識精華都在這本書裡了，接下來就由您開始找箱、養蜂並管理蜂場，當然，首要的是找到 ·處隱蔽且充滿陽光的處所當作養蜂基地，別忘了觀察周遭是否有足夠多樣的蜜源植物。

加油，祝豐收！

伊夫‧顧斯坦（Yves Gustin）

目錄

蜜蜂的貢獻

世上如果沒有蜜蜂以及其他授粉昆蟲，我們將會見到荒涼地景，上頭只有沙子以及耐旱植物，沙漠裡的植物不需要腐植土。在大多數情況下，我們需要授粉昆蟲替植物授粉，讓它們開花、結果、長葉，最終墜落地面後腐爛，成為腐植土。

這種生物的共生關係，年復一年地供給大地原生的高品質腐植質，讓細菌、黴菌以及蚯蚓能發展出有利植物生長的良好環境。

我們可將地表上的土壤視為一巨大的消化器官（跟我們的腸胃很類似），而裡頭的微生物就像是植物界的「巴黎藍帶廚師」，慢慢地燉煮一道道美味佳餚給植物們食用，還不時將空氣中的「氮」當作餐後甜點一併送上……

正因為蜜蜂的授粉能力，四季的變化才顯得更為宜人且具有活力。

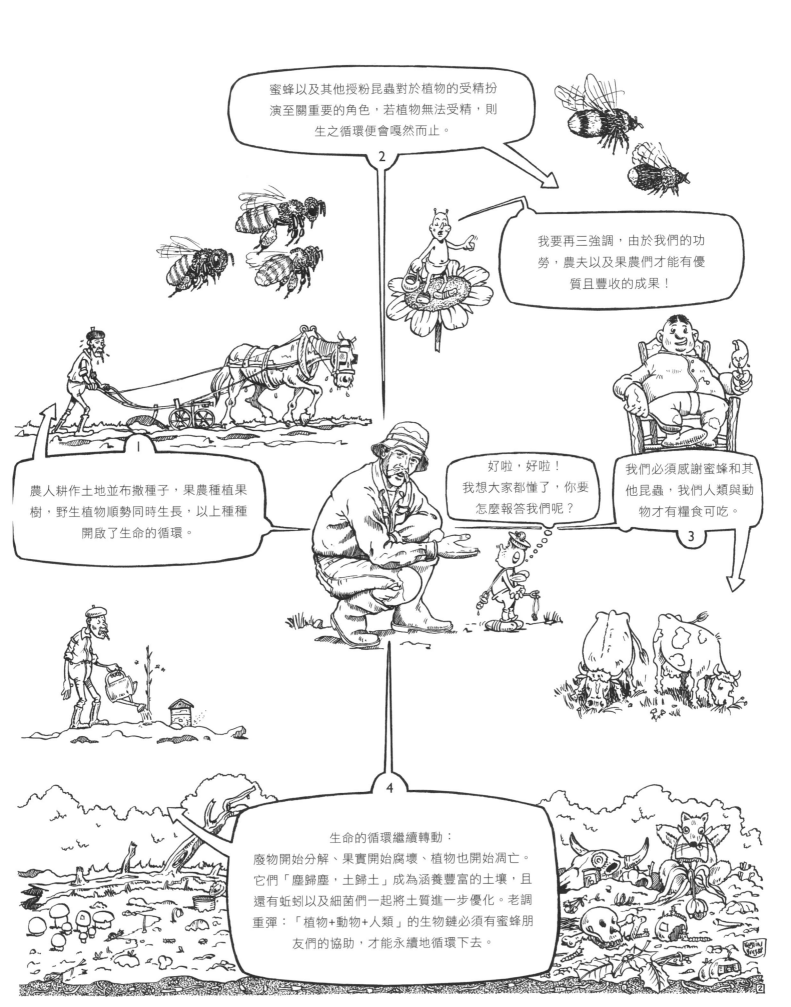

蜜蜂的一生

要了解蜜蜂的一生，最佳講者當然是蜜蜂「本人」囉。現在，我們將現場交還給「蜜蜂主播」。

大家好！

我是西洋蜂（*Apis mellifica*），屬於膜翅目下的蜜蜂科。我無法獨活，必須過著群居的生活（不管是野生或是有人飼養）。我所屬的蜂群裡有約50,000隻蜜蜂，屬於蜜蜂科的我們分布在全球不同地區，也因氣候差異產生不同的生理樣態，也因此被分為不同種的蜜蜂。法國最常見的西洋蜂亞種是歐洲黑蜂（*Apis mellifica mellifera*），體質強健，適合生長在溫帶地區。

幼年的歐洲黑蜂

不過現在有愈來愈多的蜂農開始引進外國蜂種，為了追求真實感，我請她們來個自我介紹好了。

等一下！讓我來服務讀者，當這位德國蜜蜂的翻譯。

Guten Tag！我是卡尼鄂拉蜂（*Apis mellifera carnica*）

引進新品種，可替蜂場帶來一些好處。然而，一段時間之後，不同品種的交配也會改變後代的行為取向。

(1) **卡尼鄂拉蜂**：在東歐分布非常廣泛，體色銀灰，個性溫馴，中舌很長，相對較容易「分蜂」（或稱「分封」）。

(2) **義大利蜂**（*Apis mellifera ligustica*）：體色金黃，掀蓋查蜂（或稱「巡蜂」）時也顯得相當好相處，在法國南部尤其工作勤奮。

(3) **高加索蜂**（*Apis mellifera caucasica*）：本品種原產地在俄羅斯。個性和善，採蜜勤快，採膠量極大。

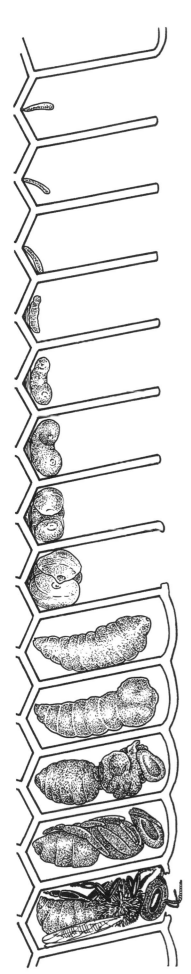

第1天：白色半透明的卵產出，大小為1.5公釐，卵較細尖的一端附著在蜂房的底部。

第2天：卵開始傾斜。

第3天：卵開始倒臥在蜂房底部。前三天，胚胎會開始在卵內成長。

第4天：幼蟲破卵而出，負責飼餵的工蜂會灌入一滴蜂王乳，幼蟲浸潤其中並且食用。

第5天：持續進食的幼蟲的體型快速增大，也開始呈現圓弧狀。

第6天：幼蟲體積占滿蜂房底部，身體兩端開始碰觸再一起。

第7天：飼餵蜂停止餵食蜂王乳給幼蟲，改餵由蜂蜜、花粉和水混合而成的液態食物。

第8天：幼蟲的食物與前一天的組成相同，不過花粉的混調比例與日俱增，直到封蓋為止。

第9天：泌蠟工蜂將幼蟲蠟封於蜂房內，封蓋物質由蜂蠟、花粉以及蜂巢內再利用的殘餘物所組成；這蠟蓋有透氣作用。幼蟲開始轉身讓頭部朝向開口處，此時她開始以自唾液腺分泌出的絲線將自己裹起來。

第10天
第11天：幼蟲變態成蛹。
第12天
第13天
第14天：休息狀態。
第15天：蜂蛹達到完美狀態。

第16天
第17天
第18天
第19天
第20天：蜂蛹變態為成蜂（工蜂）。

春天即將到來，蜂王（譯註：也就是蜂后、女王蜂）也開始產卵，她在每個蜂房裡都會產出一顆卵。下面以一顆受精卵來舉例，一同來看看她的成長軌跡吧！

變態過程

卵

幼蟲

幼蟲期

化蛹

成蜂

蜜蜂咬破蠟蓋，自蜂房爬出候，便匆忙趕著去做工。

出房的第1和第2天，她是打掃巢房的「清潔蜂」。

第3至第10天這段期間，她的飼餵腺開始成長發達，使其成為「飼餵蜂」。

第11到第20天，她的飼餵腺開始萎縮，同時蠟腺逐步成熟，使其開始成為「泌蠟蜂」，同時也負責建築巢房、搧風釀蜜、儲蜜儲粉、堵塞蜂箱縫隙，以及成為「守衛蜂」。

從第21天開始直到蜜蜂死亡，她的工作是「採集蜂」。前幾趟外出屬認巢飛行，之後便開始採集花蜜與花粉，好帶回巢中。

以上工作負擔對蜜蜂而言極為操勞，夏季時，她的生命週期不超過6週；在工作較少的冬季，她可以活上好幾個月。

從蜂卵到工蜂的轉變過程

1 2 3　　4 5 6 7 8　　9　　10 11　　12 13 14　　15　　16 17 18 19 20 21

卵　　幼蟲　　封蓋　　幼蟲期　　休息期　　成蛹　　蛻變成蜂時期

蜜蜂的一生

0　　1 2　　3 4 5 6 7 8 9 10　　11 12 13 14　　15 16 17　　18 19 20　　21

出巢　　擔任清潔蜂　　擔任飼餵蜂　　擔任泌蠟蜂　　擔任守衛蜂　　擔任築巢蜂　　負責搧風釀蜜

擔任儲蜜儲粉工　　擔任採集蜂

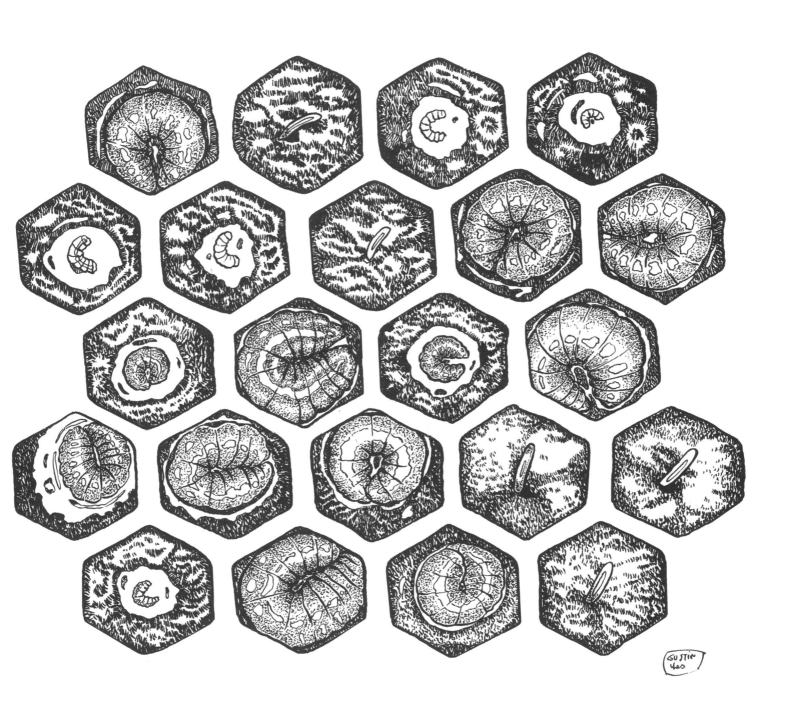

蜜蜂解剖學

您想上一堂蜂蜜解剖課嗎？太好了，在我身旁這位，是教學經驗老道的蜂教授，他將帶領大家剖析這門學問。

大家好，親愛的讀者，請您入座，課程即將開始。

請仔細觀察下方的蜂蜜解剖圖。蜜蜂的身體可以分成三大部分：(A)頭部、(B)胸部以及(C)腹部，每一部分都包含不同的重要器官。

蜜蜂的兩對翅膀在空中飛翔時，會藉由翅膀邊緣的微小彎鉤，將前、後翅膀鉤併在一起飛翔。

嗯，我剛剛講到哪裡了……啊，對了，等下要講「主要器官的發展」，請大家翻到下一頁。

(A) 頭部
(B) 胸部
(C) 腹部

(1) 單眼
(2) 複眼
(3) 觸角
(4) 大顎
(5) 中舌

(6) 前翅
(7) 後翅
(8) 足部
(9) 背板
(10) 螫針

頭部(T)包含了眼睛、觸角以及口器。現在讓我們一起詳細檢視一下。

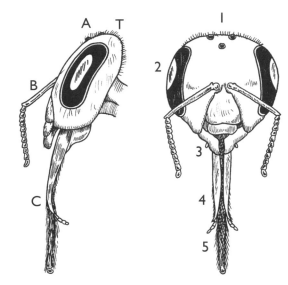

(A) 眼睛：蜜蜂的眼睛又分為兩種——

(1) 單眼：有三個小單眼，呈三角形分布在頭部正中央，可讓蜜蜂在昏暗的巢中仍可以看清近物。

(2) 複眼：兩個巨大的複眼裡包含有數以千計的小眼面，用來觀看巢外較遠的景物（複眼對紫外線很敏感）。

(B) 觸角：蜜蜂有兩根被當作感覺器官的觸角，方便蜜蜂們在蜂巢中溝通。

(C) 口器：由三個部分組成——

(3) 這兩片大顎方便蜜蜂持咬與咀嚼蜂蠟、花粉以及蜂膠。

(4) 這兩片是側唇舌。

(5) 唇舌可讓蜜蜂嗅聞花蜜的氣味，其長度依據蜂種不同各異，約在5~7公釐之間。

胸部由前胸、中胸和後胸組成，各分別長著一對前足、中足和後足，中胸和後胸的背板分著生一對膜質翅膀。前、中、後足各有其功用。前足(6)用以清潔觸角。中足(7)脛節末段的刺狀距可將後足花粉籃內的花粉團鏟入巢房裡。後足(8)可將花粉儲存於花粉籃內，以及採集自腹部下方分泌的蠟鱗片。

腹部由六個腹節組成，以鱗狀連接，後幾節具有：(9)蠟腺，(10)奈氏腺（譯者註：也稱為臭腺），(11)螯針以及蜂毒腺。

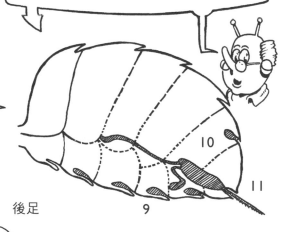

前足　　　　中足　　　　後足

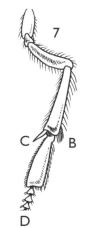

(A) 淨角器：前足基跗節的淨角器主要用來清理觸角，也可以清理眼部與舌。

(B) 剛毛刷
(C) 尖刺狀的距
(D) 位於跗端節最下方有一類似吸盤構造物（Pulvillus），可讓蜜蜂在光滑的表面上仍具有一定的抓地力。

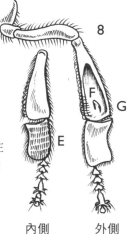

(E) 花粉耙
(F) 花粉團掛鉤
(G) 花粉籃

內側　　　外側

在看過蜜蜂的外部構造後，讓我們一起檢視蜜蜂的「核心」組成吧！

血液循環器官

蜜蜂的血液是無色的，因為它不帶紅血球。心臟(A)在吸收血液後，藉由主動脈(B)再反向將血液往頭部推送；這時血液會向身體四處流動，接著流向腹部，再次被心臟吸收。

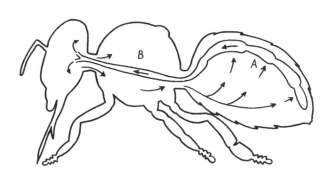

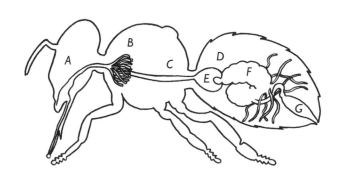

消化器官

貫通蜜蜂全身，包括七個部分：

(A) 咽喉

(B) 唾液腺

(C) 食道

(D) 蜜囊

(E) 前胃

(F) 中腸

(G) 後腸（後段是直腸）

呼吸系統

蜜蜂並不透過嘴巴呼吸，而是透過氣門讓空氣滲入氣囊。

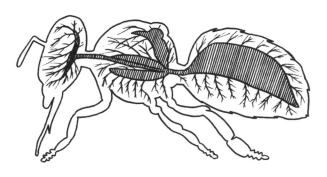

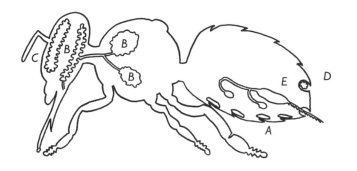

腺體器官

(A) 蠟腺：位在最後四個腹板下方。

(B) 唾液腺

(C) 飼餵腺

(D) 奈氏腺

(E) 蜂毒腺

神經系統

蜜蜂由大腦以及淋巴管來控制。

(A) 單眼

(B) 觸角

(C) 大腦

(D) 胸部神經結

(E) 腹部神經結

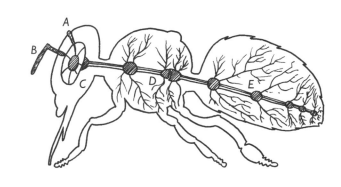

肌肉系統

蜜蜂的肌肉系統非常發達,尤其是翅膀。

(A) 翅脈

蜜蜂的胸部切面圖

我們可以觀察到與翅膀連接的內部肌肉:

(B) 縱走肌

(C) 背腹肌

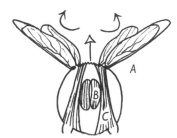

雄蜂的一生

我來自我介紹：我是雄蜂，是一群（一箱）蜂裡的雄性代表，在法文裡我們被稱為「假熊蜂」（Faux bourdon），因為我們震翅飛翔的嗡鳴聲很像熊蜂。我們的數量也不算太少，我所屬的這群蜂裡就有大約2,000隻雄蜂！

春季來臨時，蜂巢裡的「蜂口」會有所改變，其中之一是雄蜂開始出現了。

各位讀者，大家好！

其實每隻雄蜂的狀況都不一樣，我僅舉我個人為例：我的性別是由蜂王所決定，如果蜂王沒有動用儲精囊裡的精子，而留下了未受精卵，從未精卵裡誕生出來的就是我；若是從受精卵裡誕生的，則會成為雌性工蜂！

A

我們來看看第二個例子：年老的蜂王曾與多隻雄蜂(A)交配過，等到儲精囊裡的精子都用盡了，她就只能產下雄蜂。

最後一個例子：有一群蜜蜂「失王」（譯註：失去蜂王）成為孤兒群，部分工蜂只好開始產卵，不幸的是，這些工蜂並未交配受精過，所以只能產出雄蜂(B)，然而這些雄蜂天生的精子數將較為稀少。此外，「處女王」（譯註：指未交配的蜂王）同理也只能生下雄蜂卵。

哎喲！

B

雄蜂因為不負責工作，常被批評得很難聽，例如：「雄蜂都遊手好閒、耗費糧食、肥肥的身軀很擋路，妨礙工蜂工作。」然而，要是沒有我們讓蜂王受精，蜂群的下場會如何？還有，當採集蜂忙著外出採蜜，誰來幫蜂巢的子脾（譯註：蜂子居住的巢脾）保暖？還不就是我們這群你們口中所謂的「窩囊廢」！

當天氣冷下來，蜂巢也進如休息期，別說感謝我們了，這時工蜂們會十萬火急地把我們趕出巢，我們甚至沒有螫針可以反抗。本人誠摯希望下次你們見到雄蜂時，能夠稍微有點同理心。

當春陽眷顧時，蜂王便開始在蜂房裡產卵，她會依其意願，產下受精卵變成工蜂，
或是非受精卵變成跟我一樣的雄蜂！讓我們一同觀察雄蜂卵的變化過程。

第1天：雄蜂卵被產於蜂房的底部。

第2天：雄蜂卵開始傾斜。

第3天：雄蜂卵傾躺在蜂房底部。

第4天：雄蜂幼蟲自卵中爬出，被餵食蜂王乳。
第5天
第6天：幼蟲成長壯大。

第7天：被餵食的食物變成蜂蜜、花粉與的水的混合物。

第8天：雄蜂幼蟲填滿整個蜂房底部。

第9天：幼蟲往上站起。

雄蜂房完成封蓋

第１０到第２３天：幼蟲變態成蛹，經過一小短休息時間，再繼續變態成為完整的雄蜂。

第24天：雄蜂爬出巢房，且急著去接受工蜂的飼餵。

雄蜂解剖學

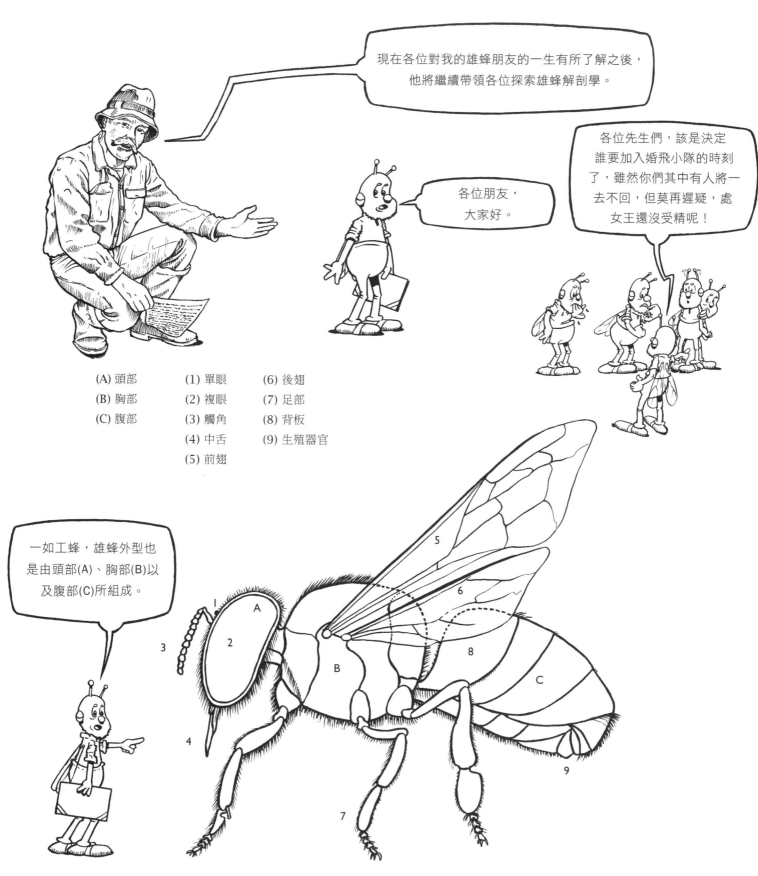

現在各位對我的雄蜂朋友的一生有所了解之後，他將繼續帶領各位探索雄蜂解剖學。

各位朋友，大家好。

各位先生們，該是決定誰要加入婚飛小隊的時刻了，雖然你們其中有人將一去不回，但莫再遲疑，處女王還沒受精呢！

(A) 頭部	(1) 單眼	(6) 後翅
(B) 胸部	(2) 複眼	(7) 足部
(C) 腹部	(3) 觸角	(8) 背板
	(4) 中舌	(9) 生殖器官
	(5) 前翅	

一如工蜂，雄蜂外型也是由頭部(A)、胸部(B)以及腹部(C)所組成。

頭部(A)包括：

(1) 在頭部左右兩邊各有一巨大複眼，由無數的（數目遠多於工蜂與蜂王所有）透鏡小眼面所組成。

大複眼可讓我在婚飛時精準盯著處女王的飛翔軌跡。

(2) 單眼：三個單眼位於頭部中央，讓雄蜂可看清楚近物。

(3) 這兩根觸角有利於與其他蜜蜂溝通。

(4) 雄蜂的中舌功能衰弱，因為太短，不僅無法外出採蜜，即便在巢中也無法自行食蜜，需依賴工蜂餵食。

胸部(B)長著兩對翅膀(5)與(6)以及三對蜂足(7)，後兩足缺乏採集花粉功能的相關生理特徵。

就像蜂王與工蜂，雄蜂的腹部由**腹節(C)**所組成。雄蜂沒有螫針，但被賦予了生殖器官(9)，這也是他們被允許存在蜂巢中的理由。別忘了，若沒有雄蜂，處女王無法得到精子，蜂群也將走上滅群的命運。

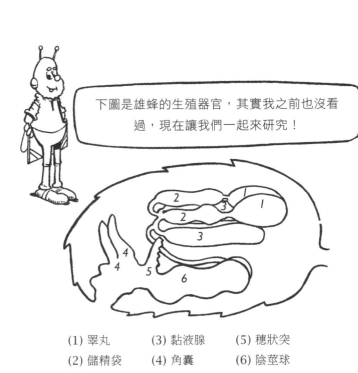

下圖是雄蜂的生殖器官，其實我之前也沒看過，現在讓我們一起來研究！

喂，老兄，下次上課您自己來好嗎？竟然把我的生殖器官拿給讀者欣賞，拜託呦！

(1) 睪丸　　(3) 黏液腺　　(5) 穗狀突
(2) 儲精袋　(4) 角囊　　　(6) 陰莖球

蜂王的一生

我們現在已經研讀過工蜂以及雄蜂的一生，接著就來探究蜂王（也就是前兩者的母親）的一生。

我和工蜂一樣是從受精卵誕生出來，但後來被選為處女王。我成為蜂王之後，你們可以依據我的身長來找出我：我的身長在18~20公釐之間，工蜂則是14~15公釐；同時，我的蜂足也較長。我無法採集花蜜或是泌蠟，那不是我的工作。我的後足不具備花粉籃，我的大顎以及舌頭也太短了。大自然賦予我的天責是：產卵。因此，我的腹部以及生殖器官非常發達。我有螫針，當巢中一次產出多隻處女王時，我就可以用殺死她們，消滅對手。

如果有「舊王死亡」、「分蜂」（自然或人工），或是「蜂農準備換王」的狀況，新一代處女王就會誕生。

當處女王受精成為蜂王後，每日最高產能約是2,000顆卵。產卵所需要的大量營養，來自侍衛蜂所「灌餵」的蜂王乳。有時蜂王會停產，原因不一：蜂巢內溫度過低（蜂農過早疊上繼箱）、蜂王受到驚嚇、外界花蜜欠缺等。

身為一巢之母的蜂王，產卵前她會先確認蜂房是否夠乾淨，接著才會將卵產在蜂房的正中央。慢慢地，她會擴大蜂房的產卵圈，一旦一個巢框產滿了卵，她會跑到另一巢框繼續以同樣模式產卵。

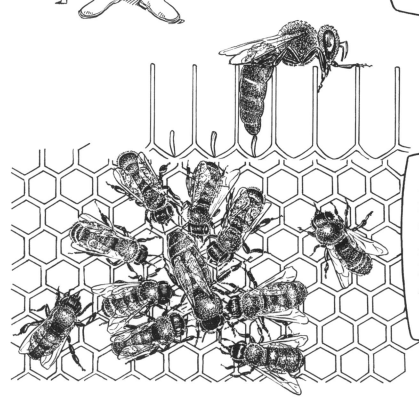
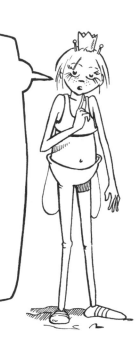

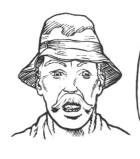

右圖是一片漂亮的巢脾，抽自蜂箱最中間的巢框，仔細觀察，您可以發現，在不同日齡的子脾周遭，有儲蜜的蜜脾，也有儲存花粉、提供蜂子*蛋白質的粉脾。

*譯註：「蜂子」為在養蜂中，卵、幼蟲、蛹在蜂房裡，還未變成蜂的各樣態總稱。

巢脾在蜂箱中的分布狀態

在右邊的巢框俯視圖當中，1號框是蜜脾、2號框是蜜脾與粉脾、3號框包括有蜜脾、粉脾與子脾、4號框除有蜜脾、粉脾外，也有許多子脾、位於蜂箱中心的5號框則有最大量的子脾。

1 2 3 4 5 5 4 3 2 1

在蜂箱中，我不是很好找，所以，有的養蜂朋友會幫我「化妝」：比如在我的背板上點上彩色漆料，或是貼上有數字標記的小貼紙。蜂農也可藉此方法知道我的年齡，國際上採用五色標記法來標記蜂王年齡：2016年出生的蜂王會被漆上小白點、2017是換成小黃點、2018小紅點、2019小綠點、2020小藍點。一旦此五色循環結束，新的蜂王就會被標上小白點，依此再循環。

在婚飛過程中，我可能多次交配。

或許下一次，達成婚飛交配任務的人就是我……

有的蜂農會剪掉我的翅膀，主要目的是避免分蜂的時侯，我飛逃他處。

被漆上有色圓點的蜂王。

依據右圖繪線將翅膀剪半。

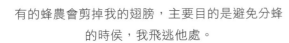

嗨。我是侍衛蜂的一員。只要蜂王能夠釋出足以掌控蜂群，讓蜂群順利運作的「蜂王質」費洛蒙，我們就會讓她安穩在位。只要蜂王經過，就會在蜂房留下蜂王質氣味，工蜂之間也會加以傳遞。要是蜂王質過弱或是不存在，我們就會開始建造「王臺」（譯註：王臺即蜂王所住的蜂房），以便替換目前機能減退的蜂王，或是巢中根本「缺王」時，也必須如此。

在養蜂過程中，蜂王在適當的時機是必須被更換的。讓我們一起來觀察一顆受精卵在王臺中的羽化過程。

第1天：就跟工蜂一樣，未來蜂王的卵也被產於蜂房的底部。
第2天：卵的體積較小的那一端黏附在蜂房底，且漸漸開始傾斜約45度。
第3天：卵橫躺於蜂房底部。
第4天：幼蟲自卵中爬出，飼餵蜂趕緊餵予蜂王乳，泌蠟工蜂也開始建造王臺。

第5天：幼蟲成長地更加肥大，飼餵蜂繼續疼愛照料，並加以餵食。
第6天：幼蟲大小已足以填滿蜂房底部。
第7天：這個時候，飼餵蜂已經停止餵食蜂王乳給工蜂幼蟲，但未來的蜂王幼蟲仍繼續享用且僅吃蜂王乳。
第8天：王臺的建造工事已經完成，幼蟲的身軀完全塞滿整個蜂房。
第9天：王臺封蓋完成。

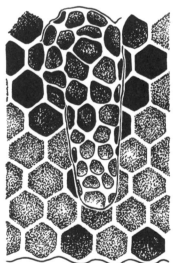
美麗的王臺

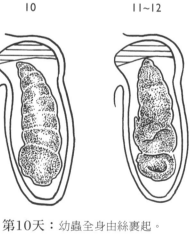

第10天：幼蟲全身由絲裹起。
第11天
第12天：休息時期。
第13天：變態成蛹。
第14天
第15天：再由蛹變態為成蟲。
第16天：處女蜂出臺。

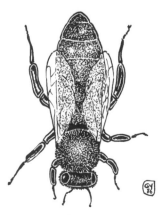
蜂王

第16到第20天：休息時期。

第21天：處女蜂會選擇一個陽光普照的下午進行空中婚飛，後頭會有一群雄蜂跟飛。

號外，號外……處女王今天飛出巢囉，大夥們快上！

隨著這場空中婚慶的展開，雄蜂將會和處女王交配、成為生育者的使命。不過由於他的生殖器官會被扯裂，並留在處女王的腹內，所以這隻雄蜂會墜落地面而亡。等到處女王飛回巢內，我們便可確定她已經完成交配，正式成為蜂王了。

婚飛結束後，蜂王會允許自己休息個2~3天，才開始產卵。

我的平均壽命是4~5年，但有時遠超過這個數字。

你有沒有注意到，喬治今晚沒跟我們一起出來蹓躂？

不意外啊，因為他是今天的「新郎」呀！

應該不是每隻蜂王都長得這副德性吧……？

蜂王解剖學

既然我們已經看過蜂王的一生，現在一起來看看其解剖學。我們在前幾章相當詳細研讀過工蜂以及雄蜂的生理解剖，所以現在將注意力放在蜂王特有的器官就好。接下來，我讓蜂王陛下接續解説。

我的頭部長著兩種眼睛：(1) 三隻單眼，不過長得位置相對於工蜂，顯得較低一些；以及跟工蜂一樣的兩隻大複眼。(2) 一對觸角。(3) 短短的舌頭以及發達的大顎；我會用大顎咬開蠟蓋，以便長成後爬出王臺成為處女王。

當雄蜂與我交配後，我會在我的儲精囊儲備一定量的雄蜂精子，好讓我在產卵高峰時期，最多一天可以下2,000個卵。

(1) 卵巢	(8) 蜜囊
(2) 儲精囊	(9) 咽喉
(3) 生殖器開口	(10) 食道
(4) 陰道	(11) 淋巴結
(5) 足部	(12) 心臟
(6) 大腸	(13) 螫針
(7) 後腸	(14) 蜂毒腺

然後我就死了。

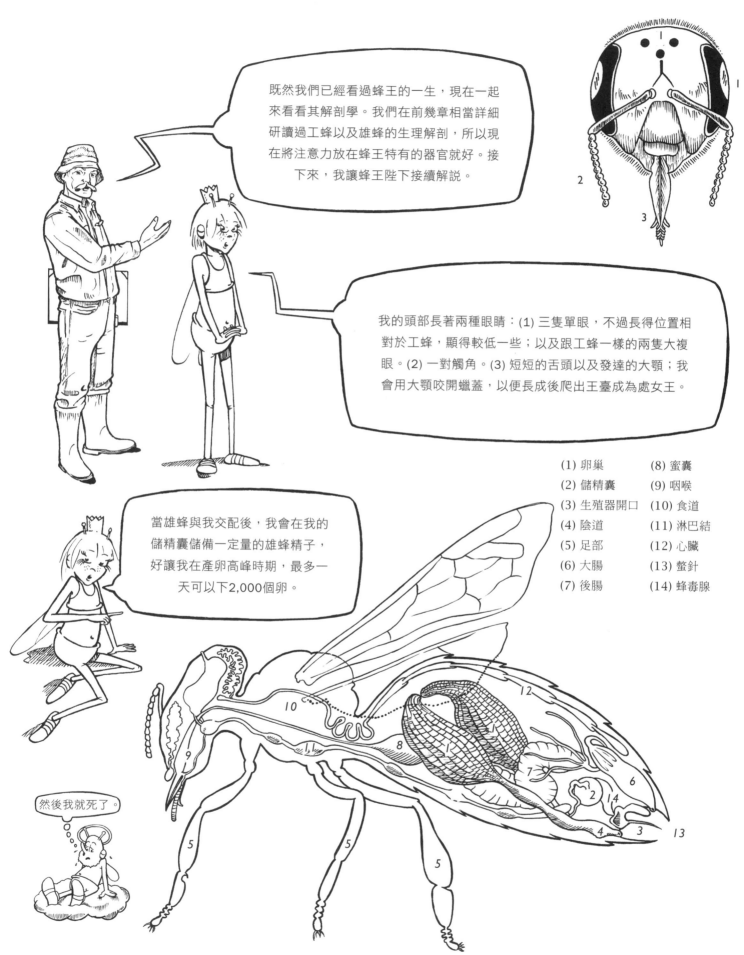

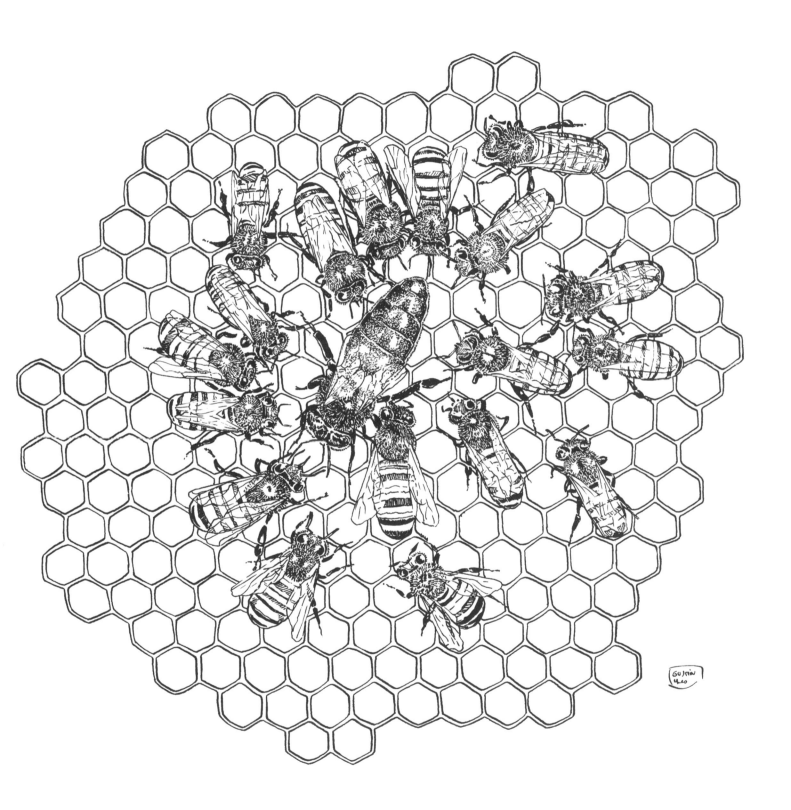

螫針與蜂毒

您被蜜蜂叮到了嗎？那正好（這麼說有點不好意思……），因為我現在想跟大家聊聊「蜂毒」。人人都知道，被蜜蜂螫到很痛，然而每個人的生理反應都不一樣。對於那些免疫的人，他們只有輕微紅腫刺痛感；敏感者則會感覺相當不舒服；最後是過敏者（或是極端敏感者），這些人被叮到時，需要特別注意以免發生危險。

嗨，各位，我現在是「螫針療法師」了！

免疫者　　敏感者

過敏者（極端敏感者）

簡史回顧

直到十七世紀時，荷蘭博物學家史汪莫登（Jean Swammerdan）才開始對螫針有較為精準的描述，然而相對於今日，當時的昆蟲研究技術還是有其限制。

蜂毒有許多良好功效，現在甚至衍生出螫針療法。以蜂毒來治病好像很前衛，其實不然。在查理曼大帝（Charlemagne）時期，我們的祖先法蘭克人已經故意讓蜜蜂叮手與腳部，以緩解他們的風濕性關節疼痛。

現代醫學以及醫藥對於蜂毒的需求與日俱增，以前收集蜂毒的土法煉鋼手法也已經現代化，現在，人們都使用「電擊取毒法」（平均需要一萬隻蜜蜂才有辦法電取1公克的蜂毒）。

拜託，請大家先注意這裡一下。在觀察我們會傷人的螫針圖解之前，我們先來了解一下蜂毒的組成以及特性。

啊，被叮一叮，膝蓋反而比較舒服了。

蜂毒的組成

蜂毒包括多種酸（蟻酸、鹽酸、磷酸）、組織胺（藥理學上的應用）、抗生素物質、澱粉酶以及不同的揮發性物質。

蜂毒特性與好處

抗風濕性關節炎
抗凝血作用
強心作用
治療神經痛
有助血管擴張

蜂毒的販售僅限於正規藥房體系

哎，竟然叮我，但我會以德報怨的。現在，就讓我來向讀者解釋你的防禦用螫針是如何運作的。

螫針首先會輕巧地螫入我們皮膚至其第一段**鉤牙(A)**，接著以「前後反覆來回」的方式深螫到最後一段鉤牙。最後的一段鉤牙也被當作蜜蜂得以脫離被螫者的槓桿，同時也造成傷人的螫針整個脫落。此時，如我們未及時把螫針取出，蜂毒就會全數注入我們體內。

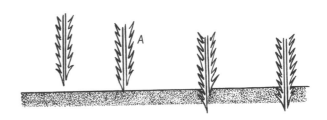

千萬不要採取掐擠皮膚的方式試圖取出螫針，這樣做會擠到毒囊，使得毒液被擠入人體內。請運用您的指甲或小刀，由下挑起螫針，這樣毒囊就會隨著螫針被移除。

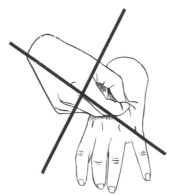

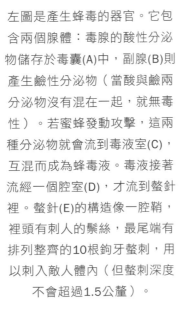

左圖是產生蜂毒的器官。它包含兩個腺體：毒腺的酸性分泌物儲存於毒囊(A)中，副腺(B)則產生鹼性分泌物（當酸與鹼兩分泌物沒有混在一起，就無毒性）。若蜜蜂發動攻擊，這兩種分泌物就會流到毒液室(C)，互混而成為蜂毒液。毒液接著流經一個腔室(D)，才流到螫針裡。螫針(E)的構造像一腔鞘，裡頭有刺人的鬃絲，最尾端有排列整齊的10根鉤牙螫刺，用以刺入敵人體內（但螫刺深度不會超過1.5公釐）。

當蜂毒排入傷口中，螫針的旅程就結束了。

大部分的養蜂朋友都已經對蜂毒免疫，若非如此，還是要採取必要的保護措施。請注意，我們身體的某些部分會比其他部分來得更加脆弱，尤其是臉部與頸部。因此，我建議敏感者穿上適當的蜂衣(A)，即使是不太怕被叮的業餘養蜂者，最好都隨身攜帶一頂附網罩的蜂帽。

為免被叮太多針，建議選擇陽光普照的日子拜訪蜂場。風太大以及雷雨都會讓蜜蜂變得更具攻擊性。

對於過敏者（極端敏感者），其實可以試試「減敏療程」，療程結束後可以獲得免疫。不過不同的個案，可能產生不同的結果。治療成功的話，約可以獲得兩年免疫；順勢療法對於過敏者也可以產生相當好的效果。如果症狀嚴重，請務必看醫生。在法國，過敏者可去藥房購買一套注射器與腎上腺素的安瓿劑盒組，必要時，請於最短時間內自行緊急皮下注射。

若被螫後，僅產生不嚴重的良性反應，則可去藥房買條舒緩疼痛的軟膏塗抹。

您也可以試試民間偏方：將搗碎的洋芹、羅勒、西洋接骨木、蕁麻，甚至是新鮮大蔥的汁液，塗擦在蜂螫的傷口上。另一種更簡單的方法，就是直接將冰塊按壓在螫腫處。

請注意，不要將被蜜蜂螫傷與被虎頭蜂螫咬這兩種不同的情形搞混，因為醫師會針對不同情況採取適當的處理。通常被蜜蜂叮過後，她的螫針還會遺留在您的皮膚上，但虎頭蜂則不會！

蜜蜂的語言

一群數量約40,000~60,000隻蜜蜂的蜂巢（蜂箱），之所以能夠井然有序地運作，全依賴蜜蜂多樣的溝通技能。接下來，我們將簡介這些技能。

蜜蜂的觸角有兩根，位於兩顆大複眼中間，以及三顆單眼下方，直徑0.25公釐，長度約在5公釐。觸角分為兩部分：首先是附著在頭部的柄節(A)。再來是鞭節(B)：工蜂有11節，嗅覺較強的雄蜂則有12節。觸角是蜜蜂最主要的嗅覺和觸覺器官，在蜂巢內的溝通都需要它。如果將蜂王、工蜂、雄蜂的觸角剪掉，蜜蜂們將無法完成各自的任務。雖然無觸角仍可以活下來，但蜂巢內將秩序大亂：蜂王產卵將亂無章法隨處亂生，雄蜂不願被工蜂餵食、工蜂則罷工，且一旦飛出巢外，將無法找到回家的路。

B 鞭節

A 柄節

蜜蜂的中舌可以辨認出花蜜的來源。在蜂巢內，工蜂藉由中舌告知下一隻工蜂，目前何種蜜源植物是採收重點。工蜂有相當好的風味鑑賞力，能夠辨識苦味與甜味，對她們而言，中舌最大的功能是嗅出液體的氣味。

「奈氏腺」是由同名科學家在1883年所發現，此腺體所發散的費洛蒙能夠被蜜蜂的觸角所感知，藉此，蜂群可以確知蜂王健在，也可以確認本巢蜜蜂特有的「家族氣味」。

不管是在蜂箱內或是正在空中飛翔，我們都可以藉由翅膀的震動（振翅聲的低沉或尖銳）來彼此進行溝通。

你可能不知道，我們其實也有記憶。當你們其中一人來蜂場打擾我們時，我們會叮他，並且之後幾天內都還會記著這個人，甚至連他當天是否開車（如果他有車的話），我們都記得很清楚！當我們發現附近有甜味物質時，我們會記住地點，之後再回來採收。

我也有時間觀念，事實上，我知道幾點幾分才是去採取某種蜜源植物的最佳時機。也因為如此，即便是蜜源花朵大開時，你可能見不到我們的蹤影，因為我們會等到花蜜分泌且上升時才去採收！

許多事情都會對我們造成威脅。您可能已經注意到，每當快下雨時，我們早已先人類一步飛逃回巢了。其他類似狀況，還有很多呢。

蜜蜂如何告知她的工蜂姐妹們哪裡有滿滿的花蜜可採呢？

答案是：跳舞！卡爾·馮弗里希（Karl von Frisch，1886~1982）教授發現了蜜蜂舞蹈之中的語言，也讓他贏得1973年的諾貝爾獎。現在就讓我們來看看，一隻剛發現蜜源植物的蜜蜂的行為表現。

圓舞：當採集工蜂採完花蜜回巢後，會分給其他工蜂各一微滴的花蜜品嚐，後者會據此斷定蜜源植物的種類。當蜜源與蜂箱距離少於100公尺，採集工蜂會開始跳轉圈圓舞，且一下朝這方向跳圓舞，一下朝另一方向跳圓舞。她跳舞時，後面會跟著好幾隻工蜂，且藉由觸角保持身體接觸。舞蹈結束後，這些工蜂就會明白路線，能直接飛往蜜源，待牠們也採蜜歸來後，會以同樣的方式向其他工蜂跳圓舞。依此類推，直到投入採蜜工作的工蜂數量足以完整採集該蜜源面積為止。當採集到了尾聲，回來的工蜂就不再跳舞了，免得浪費外派的「蜂力」。

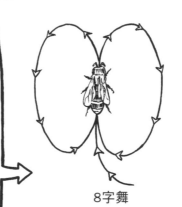

8字舞

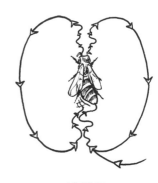

搖擺舞

8字舞或搖擺舞：當蜜源距離超過100公尺，偵查蜂便會跳8字舞。她會先走一小段直線路徑，繞半圓回到原出發點，再向另一側繞半圓，如此規律反覆跳著「8」字。走直線路徑時，偵查蜂還會搖擺下腹並且發出震翅聲。當蜂巢與蜜源的距離愈遠，繞8的次數就會愈多。

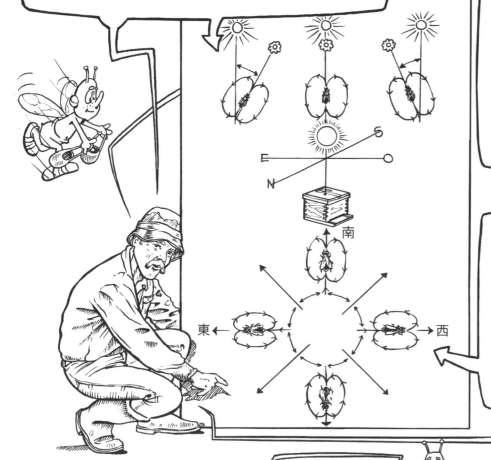

偵查蜂回巢後所跳的圓舞或是8字舞，可在「起飛板」（參考第217頁）、蜂箱內壁或是巢框上面執行。跳舞時會依循蜜源與太陽的夾角以及東南西北方位進行。如果開花蜜源位在南方，她會向上走那段直線路徑；蜜源在北，會向下走直線路徑；若在西方，則向左走；在東方，則朝右走。

我們蜜蜂所使用的溝通技巧，也啟發了人類的某些現代科技發明呢⋯⋯

顏色

蜜蜂能看到的顏色和人類的眼睛不一樣，而且她們能接收紫外線。當她們飛出蜂箱外，就靠太陽來定位飛行方向。

蜜蜂們最敏感的顏色包括白色、黑色、紫色、黃色、橘色以及藍色。蜂箱本身的顏色以及蜂箱的幾何形狀，或是您在蜂箱正面以及起飛板上的塗色，對蜜蜂的導航都有其重要性。建議不要使用綠色和紅色，因為小蜜蜂們會將它們和黑色搞混，您可能無意中造成蜂箱出入口的混亂。不過，顏色不是唯一的吸引力，如果蜜蜂在油菜花田中採蜜，並不只因花朵是黃色的，還因花朵釋出了芬芳的氣息。

我以美麗的色澤打扮自己，目的是為了吸引授粉昆蟲。達爾文曾經做個一個具有啟發性的實驗：他將六倍利（*Lobelia Erinus*）的花瓣自花冠上摘光，果然之後就沒有任何昆蟲來訪此花了。

蜂蜜不僅只有一種顏色。蜜源所生長的土壤、何種蜜源、以及時間都對蜂蜜的顏色（當然也包含其味道）扮演關鍵角色。幾年前，法國每個地區都產特有的蜂蜜。現在因大規模且標準化的農業生產，使得各地區的蜜色趨向一致，然而這也是因應大眾消費者需求。有些蜂農會將蜂蜜加熱，好讓蜜色更亮漂亮、讓微量殘存物消失。其實何必隱瞞這些自然現象，只要跟消費者解釋這些不完美只是產品本來的狀態即可。以上所說的殘存物，其實就是在蜂蜜當中漂浮於液態果糖成分上的天然葡萄糖結晶。

不要試圖改變我的色澤，我是「活的食物」呀！

以下是吸引蜜蜂的四季植物，與其大致的花色和蜜色。

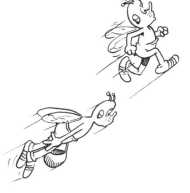

春

	花色	蜜色
洋槐	白色	近乎透明
山楂樹	白色	琥珀色
油菜花	黃色	白色
尤加利樹	白色	琥珀色
苜蓿	紫色	亮黃色
浦公英	黃色	黃色
椴樹	黃色	淡黃色

夏

	花色	蜜色
栗樹	黃色	深栗色
薰衣草	藍色	琥珀色
苜蓿	紫色	亮黃色
浦公英	黃色	黃色
驢食草	紅色	白色
冷杉	紅色	深棕色
向日葵	黃色	黃色
黑莓	粉紅色	白色

秋

	花色	蜜色
歐石楠	紅色	紅棕色
長春藤	黃綠色	亮棕色
黑莓	粉紅色	白色
百里香	粉紅色	蜜色偏深

冬

	花色	蜜色
歐石楠	紅色	紅棕色
浦公英	黃色	黃色

冬季植物的泌蜜量極少，蜜蜂出外主要以採集花粉為主。

哈囉，我是花粉粒，我的顏色跟花朵的顏色不總是一樣喲（接下來，您應該還會看到許多關於我的事情）。以下是一些簡單的參考方向。

植物	花粉的顏色	花色
草莓	淡栗色	白色
栗樹	紅色	白色
浦公英	橘色	黃色
楊柳	灰色	黃色
椴樹	淡色	黃色
琉璃苣	綠色	藍色
虞美人	黑色	虞美人
驢食草	棕色	紅色
歐石楠	白色	紅色
冷杉	淡色	紅色
山楂樹	紅色	白色

剛被分泌出來的蜂蠟顏色是白的，我們用以建造蜂房。幾個月之後，蜂蠟顏色轉為深黃色，在蜂箱裡更加老化之後，顏色更深，近乎黑色。

蜂農為了在蜂箱裡更容易找到我，並且知道我的芳齡，會進行「幫蜂王做記號」的工作：他們每年都會在蜂王的背板上貼上不同顏色的小圓貼紙。為了一眼就看出蜂王的年齡，有些蜂農乾脆在蜂箱上頭釘上彩色圖釘以便快速識別。

白色	黃色	紅色	綠色	藍色
–	–	2008	2009	2010
2011	2012	2013	2014	2015
2016	2017	2018	2019	2020

請依白、黃、紅、綠、藍的顏色順序，每年依此類推去幫蜂王做記號……。

氣味

蜜蜂最發達的感官就是嗅覺，整個蜂群的生存所繫主要就是依賴氣味。

每個蜂群都有獨特的氣味，其他蜂群的蜜蜂若誤入不屬於自己的群體，就會被排除在外。

老娘年輕時，才不流行噴這麼重的香水……

夏天

夏季植物所開的花，香氣不讓人覺得特別明顯，但嗅覺好的蜜蜂可是非常敏感。造訪蜂場開箱查蜂時，請避免身體殘留強烈且讓蜜蜂覺得不悅的氣味：不要塗抹香精、香水或是流汗過度產生酸臭味等；若不夠注重這點，被螫是意料內的事。假使一隻蜜蜂螫了您，其蜂毒所釋放出來的刺激性味道，會引起其他蜜蜂也群起圍攻。

春　夏

秋　冬

春天

處女王的氣味與已經交配過的蜂王氣味不一樣。交尾季時，雄蜂會散發獨特氣味以吸引處女王。蜜源植物盛開的春天氣息，讓蜜蜂感知大流蜜期可能即將開始。

秋天

對於弱群來說，秋天是人工飼餵的時機。蜜蜂對糖漿的味道很敏銳，要小心盜蜂（譯註：別箱的蜂跑到被飼餵這箱來搶蜜）。併群時，味道也有其重要性：這也是為何蜂農會在將被併的弱群身上，噴灑稀釋蜂蜜水的緣故。

冬天

冬天時，蜜蜂們處於半昏睡狀態，因而對於氣味不敏感。但是蜜蜂的天敵們可還是很清醒，且被蜂巢的氣味引來；若您未在初冬時就縮小巢門（譯註：縮小蜂箱出入口），則蜂群就可能被敵害入侵。

喂！快來，聞到花香了。

我們來了！

氣溫

現在，讓我們以法國為例，來討論一年四季的蜂箱溫度及其影響為何。

春天

當天氣一放晴，第一道暖流開始讓外界氣溫上升，蜂箱裡的溫度上升到攝氏10度時，冬天結團取暖的蜂群會逐漸散開。春天來臨時，花粉充足，蜂王開始產卵。雄蜂也出房了，他們先是幫忙替子脾保暖，之後才升空讓蜂王受精。此時，蜜蜂數量增多，蜂箱開始顯得擁擠，也讓溫度升高。這時，應架上第一個繼箱，以避免分蜂發生。

夏天

隨著熱浪來臨，蜂箱內的溫度也急劇升高，這時就是搧風工蜂上場的時候了：她們會搧動翅膀以助空氣流通，好讓巢內溫度降低。這也是疊上更多繼箱以及採蜜的時刻。

春 夏

 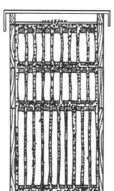  

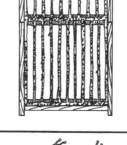 

秋天

環境溫度開始下降，蜂箱內的蜜蜂數量慢慢減少。採收季已經結束，上頭的繼箱也被移走，也因此讓蜂箱的溫度稍微上升幾度。雄蜂開始被趕出蜂箱，年輕的工蜂開始準備越冬了。

冬天

外界溫暖不再，寒冬降臨。如果您的蜂箱被埋在冬雪之下，不必擔心，因箱內的結團蜂群可以抵擋攝氏零下35度的嚴寒。蜜蜂們如何防禦如此超低氣溫呢？蜜蜂靠食蜜與花粉，且藉由體內酵素分解這些養分成為能量物質，這些物質跟氧氣接觸後被燃燒成熱能，並循環到蜜蜂的呼吸器官。

秋 冬

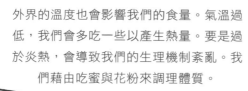

外界的溫度也會影響我們的食量。氣溫過低，我們會多吃一些以產生熱量。要是過於炎熱，會導致我們的生理機制紊亂。我們藉由吃蜜與花粉來調理體質。

蜂箱

在介紹我們現今慣用的蜂箱，以及其特點與構造之前，我想先跟大家講講以前所使用的傳統蜂箱類型。

過去，蜜蜂都住在空心的樹洞裡（一如現在的野外分蜂群的自然習慣）。一開始，人類依據蜂群的習性，將蜂群安置在截斷的空心樹幹裡。之後，蜂農利用黏土與樹枝製作蜂箱，後來又使用乾燥麥稈為材料，最後才開始用木板為資材（目前，塑料以及鋁開始有取代前述材料的趨勢）。請觀察以下幾種較為原始的蜂箱類型。雖然還有其他種型式，但一般而言，整體概念其實與以下幾種相當類似。

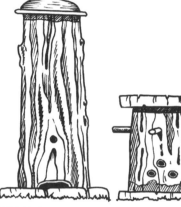

以空心樹幹製作的幾款原始蜂箱。

 軟木材質橫式蜂箱

 以黏土和樹枝製作的蜂箱

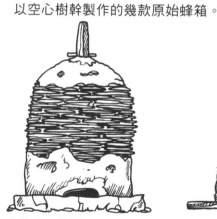 以黏土和樹枝製作的蜂箱

 用柳枝編製的蜂箱

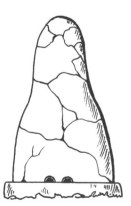 陶土蜂箱

 麥稈蜂箱

 麥稈蜂箱

 麥稈蜂箱

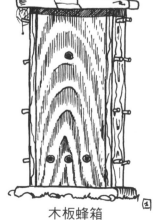 木板蜂箱

我們在前一頁所看到的蜂箱都屬單件式，材料可以是樹幹、柳枝、黏土、樹枝、陶土、軟木、麥稈，甚至可以使用阿魏屬（Férule，傘形科）植物的莖部來作。但是這類單件式蜂箱的採蜜量非常有限，且害蟲很容易入侵。之後才有繼箱式蜂箱的發明（或近似繼箱的概念）。十七世紀時，開始有使用上梁式蜂條的蜂箱出現。終於在1814年時，方斯瓦・雨伯（François Hubert）發明了活框式蜂箱的原型。

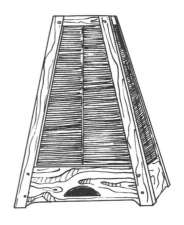

橡木桶改造蜂箱

木料結合麥稈蜂箱

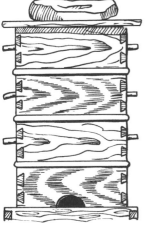

麥稈編織蜂箱

麥稈倫巴底式蜂箱
（Lombard）

麥稈格拉文修式蜂箱
（Gravenshort）

麥稈編織蜂箱與繼箱

木板多層式蜂箱

麥稈編織蜂箱與木板繼箱

上梁式蜂條與麥稈編織蜂箱

北法哈維內蜂箱
（Ravenel）

德拉特蜂箱
（Delatre）

麥稈編織巢箱與繼箱

帕爾多蜂箱
（Palteau）

貝雷許蜂箱
（Berlepsch）

方斯瓦・雨伯（F. Hubert）
「書頁」活框式蜂箱

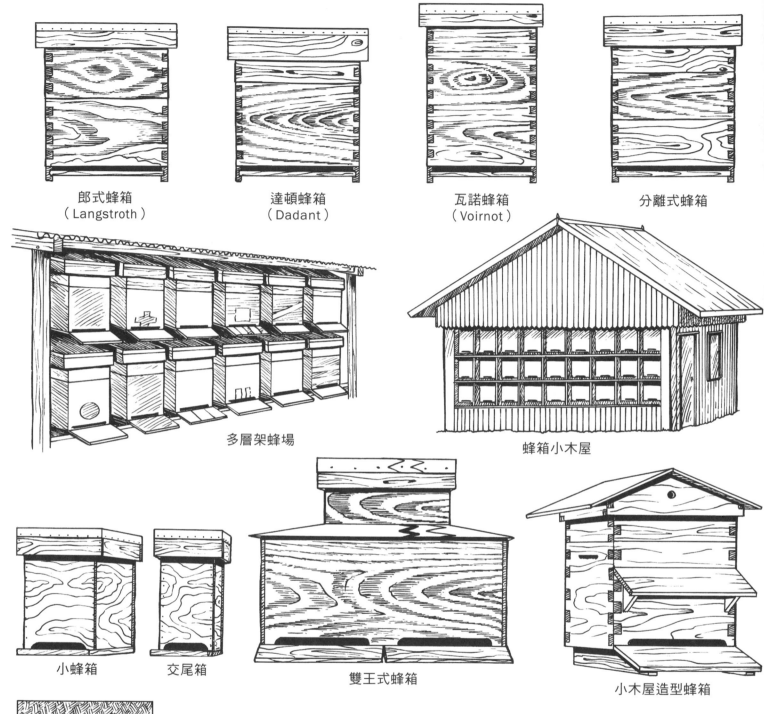

郎式蜂箱
（Langstroth）

達頓蜂箱
（Dadant）

瓦諾蜂箱
（Voirnot）

分離式蜂箱

多層架蜂場

蜂箱小木屋

小蜂箱

交尾箱

雙王式蜂箱

小木屋造型蜂箱

鋁製蜂箱

透明觀察式蜂箱

以上是目前法國最常使用的幾種蜂箱。郎式蜂箱由兩個同樣大小的蜂箱組成，達頓蜂箱由一巢箱和繼箱組成，瓦諾蜂箱因其結構與內容量，較近似「樹幹蜂箱」，分離式蜂箱是繼箱堆在另一繼箱上的概念（要製造人工分蜂群時相當方便）。多層架蜂場以及蜂箱小木屋，有利於在有限空間內放置最多數量的蜂箱，同時達到遮蔽的效果。小蜂箱方便野外收蜂，交尾箱則用於培育蜂王。雙王式蜂箱可同時養兩群蜂，有時採蜜量可達到一般蜂箱的兩倍，小木屋造型蜂箱在較為寒冷的地區相當流行，鋁製蜂箱設計優良，唯美觀度略差。

蜂箱的構造與組成

我相信您們之中有不少人在野外散步時，無意間看到美麗的蜂箱，心中便升起「我說不定也辦得到！」的念頭。不過，一想到製作蜂箱的難度，可能又立刻放棄這個夢想。我在這裡向您透露幾個蜂箱製做的祕訣，以助您順利步上養蜂之路。

達頓蜂箱： 依據所採用的形式不同，這種蜂箱裡可以放置10到12支巢框。此蜂箱特別適合溫帶或是炎熱地區。對於發展壯盛的強群，需預備3個繼箱必備不時之需。

這裡向您介紹兩種目前市面上最常見的蜂箱：郎式蜂箱以及達頓蜂箱。若您採用這兩種蜂箱養蜂，較容易買到適用且必要的相關附加設備與工具（巢框距離夾、巢門調整器、巢礎……等）。

郎式蜂箱： 此種蜂箱包括一個巢箱以及規格相符的繼箱，要擴大蜂群時相當實用。然而對於強群來說，其巢箱的容量顯得略小。有些蜂農會以重量較輕的達頓蜂箱的繼箱，來替代郎式蜂箱的繼箱。

箱蓋
副蓋
繼箱
巢箱
箱底

箱蓋
副蓋
繼箱
巢箱
箱底

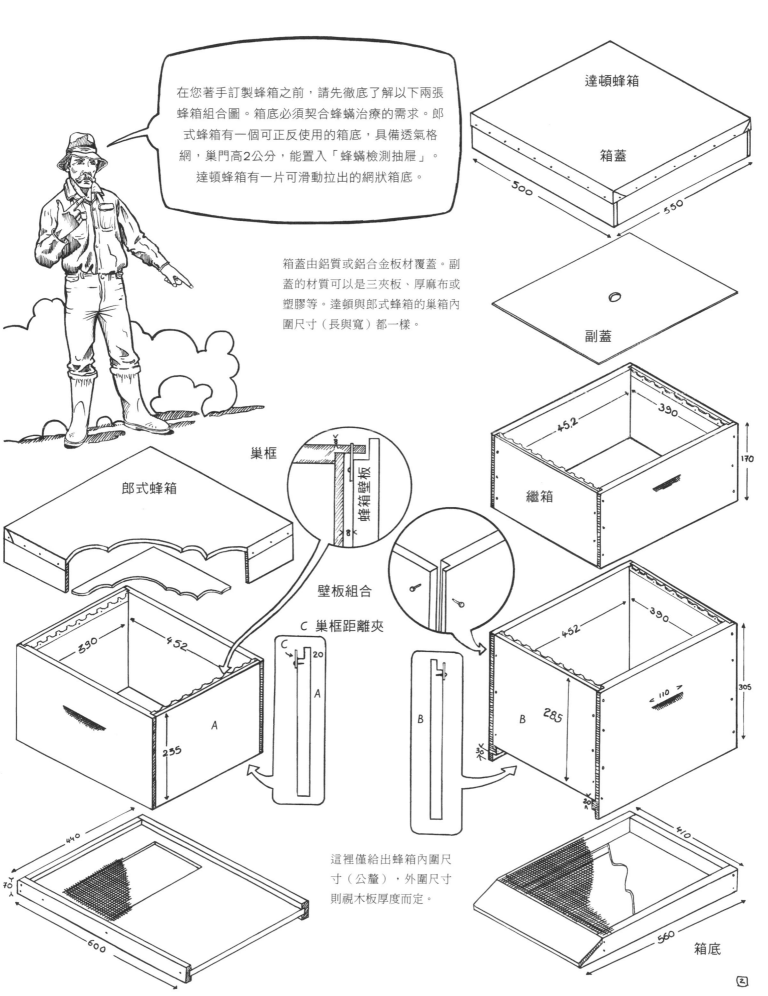

在您著手訂製蜂箱之前，請先徹底了解以下兩張
蜂箱組合圖。箱底必須契合蜂蟎治療的需求。郎
式蜂箱有一個可正反使用的箱底，具備透氣格
網，巢門高2公分，能置入「蜂蟎檢測抽屜」。
達頓蜂箱有一片可滑動拉出的網狀箱底。

箱蓋由鋁質或鋁合金板材覆蓋。副
蓋的材質可以是三夾板、厚麻布或
塑膠等。達頓與郎式蜂箱的巢箱內
圍尺寸（長與寬）都一樣。

達頓蜂箱

箱蓋

500 · 550

副蓋

45.2 · 390 · 170

繼箱

巢框

蜂箱壁板

壁板組合

郎式蜂箱

C 巢框距離夾

390 · 452 · 255

C · 20 · A · A

B · B

452 · 390 · 285 · 110 · 305 · 30 · 30

440 · 70 · 600

這裡僅給出蜂箱內圍尺
寸（公釐），外圍尺寸
則視木板厚度而定。

410 · 560

箱底

首先，要有製作蜂箱的材料。最主要的就是木料如松樹、冷杉、白楊木以及造船級合板等。木板的厚度是27公釐。

對於愛自己動手做木工的蜂農來説，電動圓盤鋸是不可或缺的工具，它能協助快速準確地鋸開木板。

利用木工刨床來替鋸開的木板修邊。

木板裁好之後，在上面開槽口，就可以開始組合蜂箱了。

為了方便訂製蜂箱，我建議您先將箱底固定住（可使用大型釘槍、螺絲或是鉸鏈等）。

兩種箱板組合方式。

蜂箱只要保持維修、照顧好，具有相當長的使用年限。可漆上一層保護漆如鋁漆保護漆或是亞麻油等。

隨著蜱蟎亞綱（*Acari*）的蜂蟹蟎（*Varroa Jacobsoni*）成為嚴重的流行蜂病後，不管是新式或老式的蜂箱都需要做些相對應的修正。老式蜂箱所需的主要修正是將巢口高度增高至2公分，以置入「蜂蟎檢測抽屜」。對於新式蜂箱，我建議您製作兩種箱底來因應。

寄生蜜蜂幼蟲的蜂蟹蟎

箱底(A)，兩面皆可使用，巢口高度2公分，以利放入「蜂蟎檢測抽屜」，不過它有一些缺點。例如，蜜蜂會在箱底製造且堆積出不少廢棄碎屑，有時巢框會黏住，有時小老鼠會躲在裡頭，一段時間之後，會造成抽屜無法插入箱底。蜂農必須定期將箱底清理乾淨。

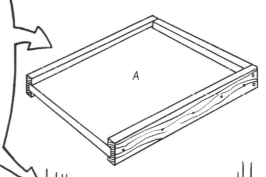
A

箱底由於蜜蜂的建築工事或是廢棄碎屑，造成檢測抽屜無法順利置入。

箱底(B)具有網狀設計，可讓防治後的蜂蟹蟎掉落格網下方的油紙上，油紙則是鋪在可拉出的滑動箱底(1B)之上；這種設計也同時有助蜂箱的通風。有不少蜂農都採取這種箱底設計，且滿意度相當高，不知蜜蜂們是否也同意？

1B

(1B) 5 mm 的三夾板
(C) 15 mm 的板條
(D) 細格紗網
(E) 拖條 25×25 mm
(F) 置入箱底板的滑槽

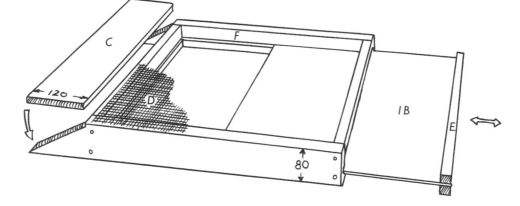
C
120
F
D
1B
E
80

蜂箱裡的動靜

現在讓我們潛進蜂箱內的世界，
看看蜜蜂們都在忙些什麼。這裡以達頓蜂箱為例。

整個蜂箱可以分為三大部分：首先是位於最下面的巢箱，裡頭可以放置10支巢框，最外圍的幾支是由蜜蜂填充的蜂蜜與花粉，中間幾支裡頭則是日齡不一的蜂子；除了冬天蜜蜂會結團禦寒改變前述分布，否則整年都是如此。接著是位於巢箱之上的繼箱（若是強群，則可以放入2~3個繼箱），箱裡可放置9支淺巢框（框高僅一般巢框的一半），工蜂會填滿不同蜜源的蜂蜜與花粉。最上頭是箱蓋，可以保護蜂箱不受風吹雨淋，之下可以放置冬季會用到的糖水飼餵盒（飼餵盒的放置時機，在於繼箱都被移開之後）。

(1) 鋁合金箱蓋保護層

(2) 箱蓋

(3) 副蓋或是空的繼箱

(4) 糖水飼餵盒（也可以用「蜜糖磚」替代）

(5) 蜘蛛 （不過有些蜘蛛也是危害蜜蜂的大蠟蛾的天敵）

(6) 放置用來採收蜂蜜的繼箱

(7) 粉脾（儲存花粉的蜂房）

(8) 內勤工蜂將蜜蜂儲存於蜜脾裡

(9) 有侍衛蜂圍繞的蜂王

(10) 雄蜂：他們可替蜂巢升溫與通風，不過其最主要的作用是與蜂王交配。

(11) 蜂房內壁

(12) 雄蜂脾

(13) 飼餵蜂

(14) 子脾（中間的巢框充滿的成長中的蜂子）

(15) 造脾工蜂

(16) 天然王臺

(17) 泌蠟工蜂

(18) 蜜蜂幼蟲

(19) 守夜工蜂

(20) 剛成為守衛工蜂的幼蜂

(21) 搧風工蜂

(22) 守衛工蜂

(23) 採蜜工蜂

(24) 蜂箱入口與起飛板

讓我們逐一依號碼標示來觀察蜂箱裡的動靜。

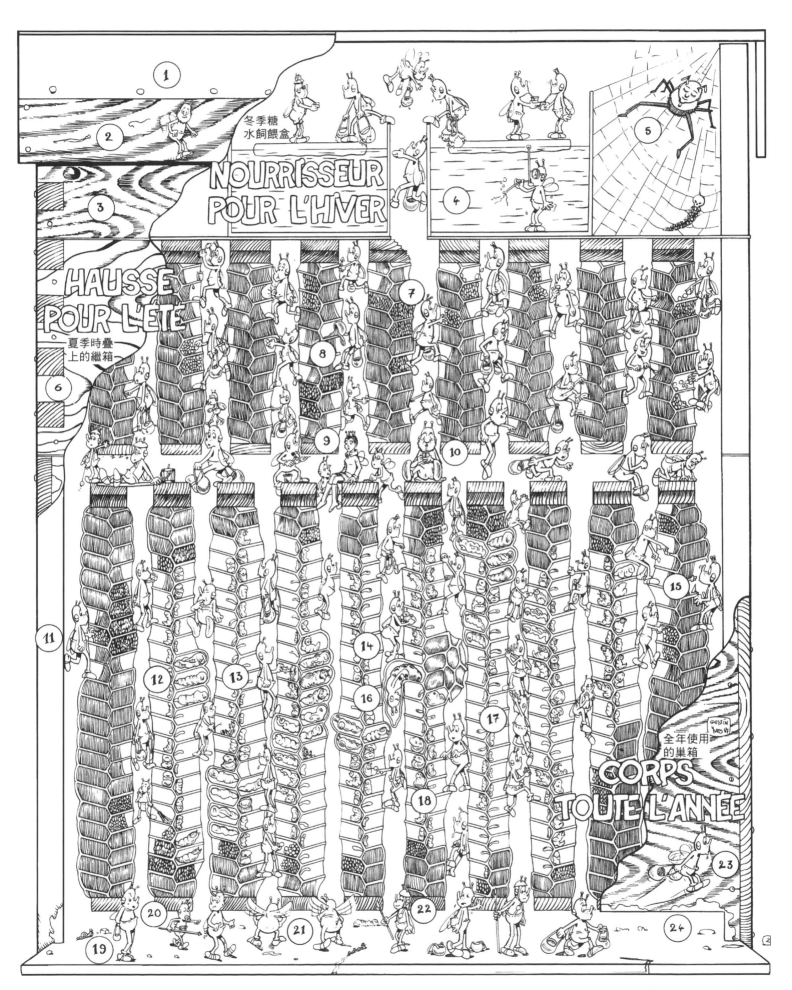

裝釘巢框

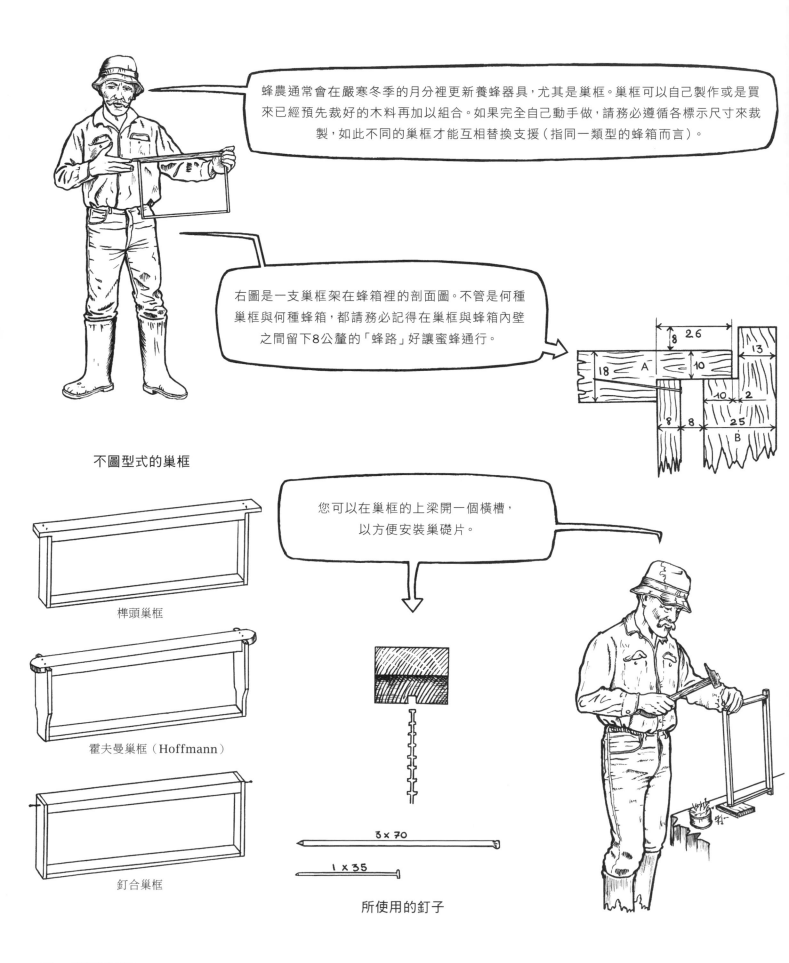

蜂農通常會在嚴寒冬季的月分裡更新養蜂器具，尤其是巢框。巢框可以自己製作或是買來已經預先裁好的木料再加以組合。如果完全自己動手做，請務必遵循各標示尺寸來裁製，如此不同的巢框才能互相替換支援（指同一類型的蜂箱而言）。

右圖是一支巢框架在蜂箱裡的剖面圖。不管是何種巢框與何種蜂箱，都請務必記得在巢框與蜂箱內壁之間留下8公釐的「蜂路」好讓蜜蜂通行。

不圖型式的巢框

榫頭巢框

霍夫曼巢框（Hoffmann）

釘合巢框

您可以在巢框的上梁開一個橫槽，
以方便安裝巢礎片。

3 x 70

1 x 35

所使用的釘子

達頓蜂箱的巢框（繼箱與巢箱皆可使用）

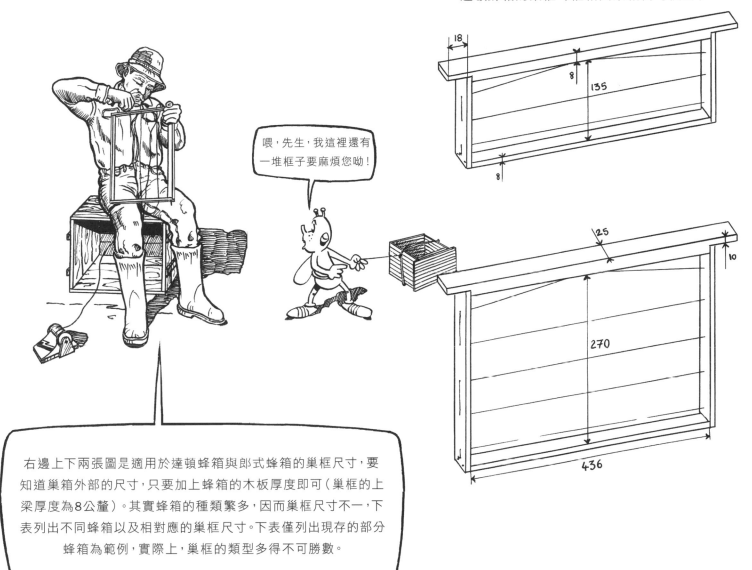

18

8

135

8

25

10

270

436

喂，先生，我這裡還有一堆框子要麻煩您咧！

右邊上下兩張圖是適用於達頓蜂箱與郎式蜂箱的巢框尺寸，要知道巢箱外部的尺寸，只要加上蜂箱的木板厚度即可（巢框的上梁厚度為8公釐）。其實蜂箱的種類繁多，因而巢框尺寸不一，下表列出不同蜂箱以及相對應的巢框尺寸。下表僅列出現存的部分蜂箱為範例，實際上，巢框的類型多得不可勝數。

不同的蜂箱類型以及其巢框尺寸

Berlepsch蜂箱 18×27.5 cm	Sagot 蜂箱 30×30 cm
Ouimbi 蜂箱 27×46 cm	Delépine蜂箱 28×34 cm
Bastian蜂箱 34×28 cm	Voirnot蜂箱 33×33 cm
Layens 蜂箱 37×31 cm	Cowan蜂箱 27×20 cm
Burki-Jeker蜂箱 27×34.7 cm	Dadant-Blatt蜂箱 26.5×42 cm

郎式蜂箱（繼箱與巢箱皆可使用）

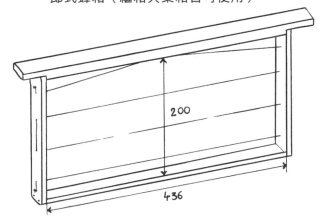

200

436

安裝鍍錫巢框線

鍍錫巢框線的不同拉線安裝方式。

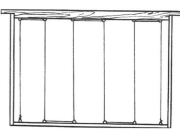

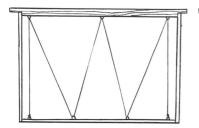

(A) 使用一根2公釐直徑的鑽頭在巢框側條打洞後，將鍍錫巢框線如圖穿過孔洞。

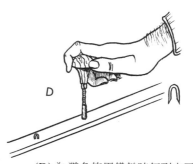

(D) 為避免使用鐵鎚時釘到自己的手指頭，您可以使用在市面上買得到的「騎馬釘安裝器」。

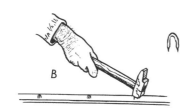

(B) 您也可以釘幾個小型騎馬釘，來輔助巢框線的穿線作業。

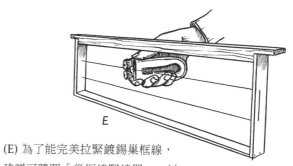

(E) 為了能完美拉緊鍍錫巢框線，建議可購買「巢框線緊線器」，以達事半功倍之效。

(C) 釘書針也可以達到同樣的效果。

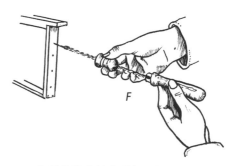

(F) 如果您沒有能在巢框上打孔的電鑽（有些先進的機器還能一次打5個洞），也可以使用手鑽打孔器。

巢礎安裝

現在外頭是典型的冬天，又冷又下雨。簡而言之，這不是在外面工作的好時機。建議利用這個時間，將巢礎片安裝在已拉好巢框線的巢框上頭。請注意巢礎片的儲存條件：務必確實平放在乾燥的場所。已經裝好巢礎的待用巢框，也需要相同的儲存條件。購買巢礎時，通常會有兩種選擇：第一種是純蜂蠟巢礎，第二種則是純蜂蠟混合其他原料的巢礎。第二種雖然比較便宜，且也能被蜜蜂接受，但是使用時間一長，對於泌蠟築脾的工蜂以及蜂農都會有不良影響。因此建議購買天然純蜂蠟巢礎。

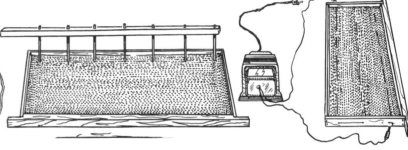

要將巢礎片黏合在巢框線上，您可以考慮購買專門的巢礎安裝器（巢礎埋線器）。

除現代的專用機器外，您是否也喜歡老派的作法？第一種是樂華電阻器（Résistance Leroy），很便宜經濟，只要將其中一條電線剪斷，然後在兩端之間連接一個老熨斗即可。第二種是凡度胡電阻器（Résistance Vinturoux），作法是在一玻璃容器裡注入1公升的水，再加入一湯匙的粗鹽，上頭蓋上一個穿了兩個孔的絕緣木蓋，裡頭再插進兩根鐵釘。

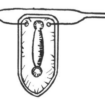

樂華電阻器

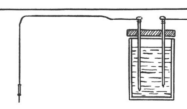

凡度胡電阻器

我的習慣是將巢礎片貼滿整個巢框，之前有人建議我，只要貼一小塊當作激勵誘因就好，如此可省巢礎的錢。我個人並不認同這樣的作法，因為在剪成小塊的巢礎上，蜜蜂的確可以平整地築脾，但超過此限，常常會造出不平整的巢脾，甚至造出雄蜂脾。此外，如果巢脾造得不均衡，也會造成蜂農查蜂時的困擾。每個人必須判斷適合自己的最佳作法，我還是堅持己見將巢礎填滿巢框。以10框的達頓蜂箱來說，巢箱必須用上1公斤重的巢礎，每層繼箱則是500公克。

喜愛DIY者可以自己動手做

在蜂具店裡，您也可以買到價格廉宜的巢礎安裝器。

在將巢礎片熱嵌在巢框線上時，可在上頭壓一塊等同於巢礎大小的木板，藉由往下施加壓力，可讓巢礎嵌得更好。

巢礎埋線板箱的製作材料：
長40m的鍍錫巢框線對折，讓它變成20m的絞索狀。
6塊5mm厚度的三夾板：
　　2塊18×40 cm
　　2塊32×40 cm
　　2塊34×40 cm
4塊側面壓條：
　　2×2 cm，長42cm
一個插頭
長2m的電線
2個繼電器插座(B)
2個接線頭(D)
2個手把(E)：
　　2×4 cm，長40cm
2個螺栓
2個螺帽(C)

為何不試試自行製作一個巢礎埋線板箱呢？對於平常就愛動手釘東西的人來說，製作起來簡單，成本也不高。

在三夾板上鑿劃33個刻槽，接著將絞索狀的巢框線一圈圈綁縛住。在進行巢礎安裝之前，箱內空間可以用來放置巢礎片以及電線(A)。

我在這裡向您透露一個簡單且經濟的祕訣，好讓您在儲放與攜帶巢框時更為便利。首先，準備一個卡車或是農耕車的內胎，製作橡皮圈；萬一沒有，汽車的內胎也可以，但如果使用汽者內胎，就必須將兩條綁在一起才夠長(A)。將兩條鐵絲裁成巢框的長度，然後將鐵絲尾端弄成彎鉤狀(B)。之後依據右邊圖示將繼箱的巢框或是巢箱的巢框箍綁在一起。

哇，新絕招！

等等，我要去和大家説！

巢礎片相當脆弱，要讓它好好地黏在巢框上，您可以運用「滴蠟壺」：將放置在壺內的蜂蠟隔水加熱後，在巢框的上端巢礎接合處，輕輕滴上一排融蠟即可。

巢框與巢礎的作業到此介紹完畢，接下來就由讀者引入一群好蜂，並且悉心照料囉！

妳先偷偷進去看看住起來舒不舒服，小心不要被看到了！

人家要蜂蜜啦！

別擔心啦，我也會檢查一下這是不是純蜂蠟巢礎。

安裝巢礎時，在蜂具行也可買到一種滾輪埋線器，有插電的，也有直火加熱的簡單型埋線器。

設置採水槽

水對蜜蜂而言是不可或缺的，尤其是早春的時候，因為這時花蜜流量還不足，而工蜂則需要水來養育幼蟲。

一群蜜蜂每個月需要約5公升的水來維持正常運作。如果您的蜂場就位在農田旁，這時需非常注意蜜蜂採集溝渠排水而導致中毒的可能性，這是因化學農藥會造成環境汙染。因此建議您在蜂場內設置採水槽以方便蜜蜂取水。

與蜂箱工作坊相關的課程結束了，我們來喝點涼的：人類需要喝水才能存活，蜜蜂也是！

設置蜜蜂採水設備其實相當簡單。一種是看您有多少箱（群）蜂，就放置多少支倒放的水瓶，讓水能以涓滴的方式流出；或是設置一個水槽，在水面上放置一些青苔與樹枝，以防蜜蜂溺斃。將水槽放置在陽光下是不錯的選擇，但不要放置在風大的地方，因為蜜蜂偏愛溫水，不愛涼水。如果我們仔細觀察，會發現蜜蜂愛採帶些有機沉澱物的水源。

這是製作採水槽的簡易方式：將金屬桶的上蓋切開，並鑽幾個洞，下面黏兩個木條，讓上蓋可以浮在水面上。金屬桶注滿水之後，將有漂浮功能的上蓋放入桶裡，以避免蜜蜂淹死的憾事發生。

如果您沒有金屬桶，也沒關係，就在蜂場內放置無毒的任何容器皆可，別忘記在水面上放置一些小樹枝、青苔或是樹皮等。

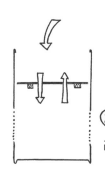

切開上蓋　　清洗桶子

改裝後的上蓋

乾杯！

使用**鐵槌**與**鑿刀**，以開罐頭的方式將上蓋切開。先以鋸屑清洗金屬桶，再用洗衣粉洗一遍，確實沖洗乾淨後，才注入清水，再將打了洞的浮動上蓋放進去，給蜜蜂用的採水槽就大功告成了！

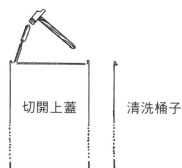

蜂場整理

如果您的蜂場看起來如上圖這幅模樣，可能的解釋有兩種：您剛剛買下此蜂場，而前場主沒花心思整理；又或者您離開蜂場太久。建議選個乾燥涼爽，且有些太陽的日子，動手將蜂場整理一番，您可能會需要用到以下的工具：鐮刀、開山刀、帶柄大鐮刀、電動割草機、園藝修枝剪刀等等。

修剪樹幹以及清理樹枝時，動作不要太大、太粗魯，以避免樹枝掉落砸到蜂箱。

黃楊木

野生櫻桃樹（酸櫻桃樹）

蘋果樹

金雀花

歐洲白蠟樹

洋槐（刺槐）

荊豆

將擋在蜂箱出入口的蜜蜂起飛板前的雜草砍除。如果您用的是帶柄大鐮刀，請小心不要砍到支撐蜂箱的腳架。如果您用手拔草的話，也請當心，因為蜜蜂不喜歡有人在蜂箱前搞東搞西。對於蜂群已經飛逃或是無蜂使用的蜂箱，則要拿回工作室清洗、修整，以利春季時讓新蜂群入住。也別忘了清洗蜜蜂的採水槽，然後注入乾淨的水。

使用電動割草機時，不要一股腦兒亂砍，請把蜜源植物保留下來。然後以園藝用剪枝刀，小心修剪蜜源樹木。

榛果樹

歐洲花楸

橡樹

栗樹

銀柳

椴樹

洋梨樹

楓樹

山楂樹

標上清楚的箱號

好啦，總算將蜂場整理完成，帶人來參觀也不至於太丟臉了。如果有需要的話，別忘了在蜂箱上標明蜜蜂健康衛生序號。

在首次春季查蜂時，如果您對於蜜蜂的健康狀況有所疑慮，請聯絡您所在地區的專業衛生人員協助處理。

在後面章節裡，我們會有幾頁冬季的蜜源樹木繪圖，協助您辨識參考。

建議蜂箱的出口面朝太陽升起的方向，且把出口前的植物（或障礙）清空。

蜂場設置

將蜂箱排列整齊成為一直線，很美，不是嗎？是沒錯，但是對於出門採蜜的蜜蜂們而言就不是這麼回事了，因為採完花蜜花粉回巢的蜜蜂，常常看到第一個蜂箱就鑽進去，如此一來，原來的蜂箱就少了儲糧。這種現象被稱為「迷航」。

擺置蜂箱時，請依循幾個重要的法則：蜂箱出口的方位好、不受盛行風的侵襲、蜂箱不要擺成一條直線，要擺得讓回巢的蜜蜂有辨識的基準可循，方便她們飛回原箱。如果可能，不要將多個蜂箱全放在同一個地點：例如，在三個蜂場裡各放置10個蜂箱，會比在一個蜂場裡擺置30個蜂箱來得好。

如果您只有幾個蜂箱，而唯一可用的擺放位置就是您的花園，那麼，擺一直線也無妨。但建議您將蜂箱漆成不同顏色：底下的巢箱可以是同樣顏色，但是蜂箱正面要標示出特有的記號。

以下是幾個不同的標示法，方便蜜蜂辨識。

這幾個蜂箱雖然被擺成直線，但每個蜂箱都被漆成不同的顏色：紫色、黃色、橘色、白色以及藍色，這幾色都是蜜蜂在視覺上比較敏感的顏色，現在，不必擔心蜜蜂們回巢時「迷航」了。

因此，別忘了：如果您的蜂場缺乏可讓蜜蜂辨識方位的天然標示物，例如樹木或是岩石等，您就必須運用以上所建議的權宜之計。

轉地養蜂

養蜂的形式有兩種。第一種是定點養蜂，也就是不移動蜂箱。第二種是轉地養蜂，即隨著各地區開花順序，開車運載蜂箱四處收蜜的形式。在移動蜂箱之前，請事先調查一下目的地的可採收蜜源植物面積，以及是否存在嚴重的蜂病傳染。此外，出發前也應向您所在地的獸醫服務處，申請一張有關您所養的蜜蜂的健康衛生證明，以保證您蜂群的健康狀況。

之後便可以開車到達您所選擇的放蜂地區，如果找到理想的蜂箱放置地點，便可跟地主聯繫。與地主談妥細節後，請稍微調查一下附近的定點養蜂蜂箱的數量有多少，以免造成他人困擾。最後也要計算一下開車公里數與油錢，如果花費太高，那便失去轉地養蜂的意義。

計算過後，如果不至於賠錢，可採的蜜源面積也足夠，那就可以開始整裡蜂場了。

如果您運載的蜂箱數量並不多，那麼建議把蜂箱腳架也帶上。如果目標蜂場附近沒有可用的水源，也請準備蜜蜂採水槽。您也可以放置一、兩個小型收蜂箱，說不定會有野外蜂群飛來定居。

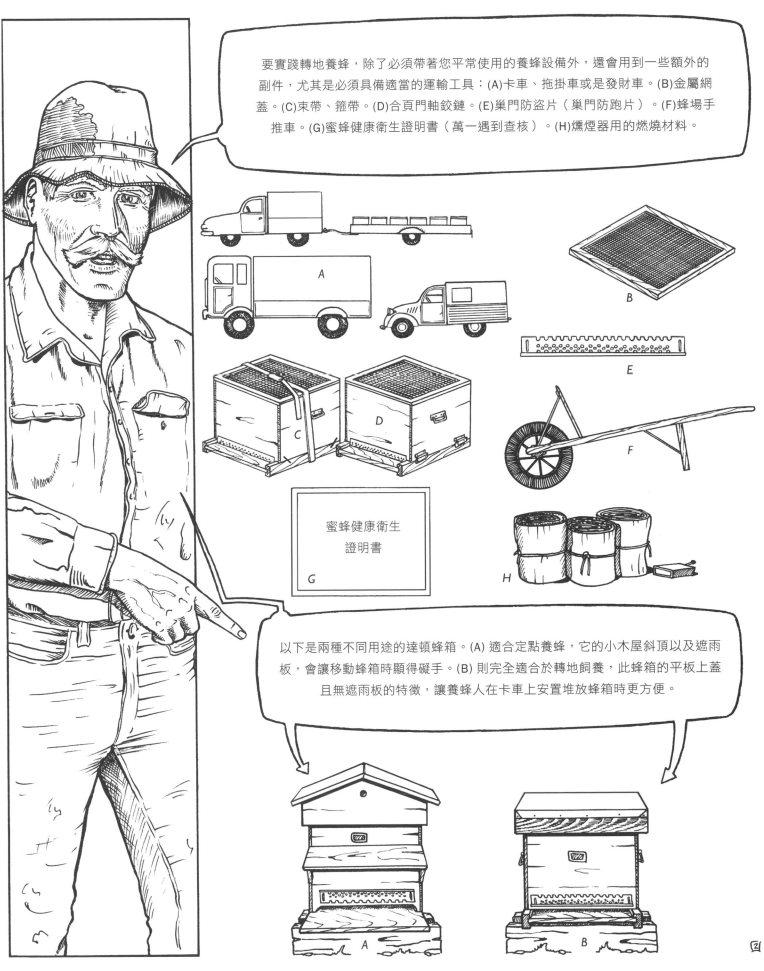

要實踐轉地養蜂，除了必須帶著您平常使用的養蜂設備外，還會用到一些額外的副件，尤其是必須具備適當的運輸工具：(A)卡車、拖掛車或是發財車。(B)金屬網蓋。(C)束帶、箍帶。(D)合頁門軸鉸鏈。(E)巢門防盜片（巢門防跑片）。(F)蜂場手推車。(G)蜜蜂健康衛生證明書（萬一遇到查核）。(H)燻煙器用的燃燒材料。

以下是兩種不同用途的達頓蜂箱。(A) 適合定點養蜂，它的小木屋斜頂以及遮雨板，會讓移動蜂箱時顯得礙手。(B) 則完全適合於轉地飼養，此蜂箱的平板上蓋且無遮雨板的特徵，讓養蜂人在卡車上安置堆放蜂箱時更方便。

蜂箱轉場的工作可以開始了。您可以找個某日下午，在預選好用於轉地養蜂的蜂箱裡，以燻煙器輕噴幾下裡面的蜜蜂。

揭開副蓋，然後蓋上網蓋。同時確認網蓋沒有破洞，因為由破洞透進亮光，會吸引蜜蜂一窩蜂擠到破洞處，可能會導致一些蜜蜂被悶死。

請釘牢網蓋或是將整個蜂箱一起束緊。假使用釘的，則必須將網蓋和底下的巢箱一起釘住。您也可以使用合頁門軸鉸鏈或類似的東西將其釘牢。

蜂箱的巢門口最後一刻再封住即可：也就是說若是您準備開夜車，則當夜黃昏時刻封住巢門口；若是計畫日間開車，則當天一大清早再封住即可。我知道有些養蜂人並不封住巢門，但這似乎不太保險，萬一車子拋錨或發生車禍事故，那麻煩就大了！

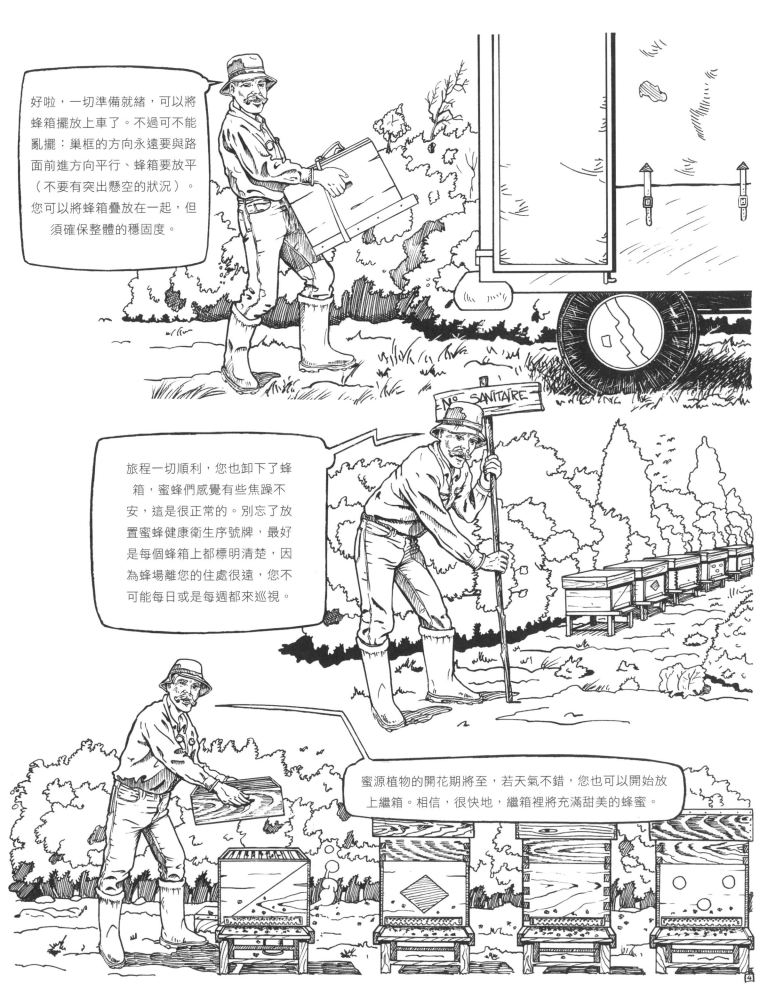

好啦，一切準備就緒，可以將蜂箱擺放上車了。不過可不能亂擺：巢框的方向永遠要與路面前進方向平行、蜂箱要放平（不要有突出懸空的狀況）。您可以將蜂箱疊放在一起，但須確保整體的穩固度。

旅程一切順利，您也卸下了蜂箱，蜜蜂們感覺有些焦躁不安，這是很正常的。別忘了放置蜜蜂健康衛生序號牌，最好是每個蜂箱上都標明清楚，因為蜂場離您的住處很遠，您不可能每日或是每週都來巡視。

蜜源植物的開花期將至，若天氣不錯，您也可以開始放上繼箱。相信，很快地，繼箱裡將充滿甜美的蜂蜜。

蜜蜂的天敵

請勿將天敵與寄生蟲搞混了，對於天敵，並不需要系統性地去撲殺，因為牠們屬於自然生命循環的一部分。

螞蟻

螞蟻出現的數量太多的話，會對蜂箱會形成危害；就怕牠們把蜂箱的副蓋當成理想孵化器，準備大肆產卵。要完全掃除蟻害幾乎不可能：才剛剛刷除牠們，第二天，牠們又故態復萌！目前還不存在既可以讓螞蟻不進入蜂箱，同時又不對蜜蜂造成危害的有效藥方。然而，與螞蟻形成共生關係的蚜蟲卻有其貢獻，蚜蟲會大量吸食植物的汁液，然後將無法消化完畢的甜液排出，滴落在葉子上，之後蜜蜂會採回去釀成甘露蜜。

胡蜂

胡蜂似乎天不怕地不怕，哪都可以築巢，能吃的絕不放過！一如虎頭蜂，胡蜂在空中就可以捕食獵物，螫針也很危險，若遇上，一定要很小心。春天時，數量龐大的胡蜂會對養蜂工作造成困擾，因此縮小其攻擊範圍是必要的。這裡建議一個簡單有效的胡蜂與虎頭蜂防治方法：把一個塑膠寶特瓶切成兩半（瓶蓋移除），上半部反過來蓋在下半部，裡頭注入蜂蜜水當作誘餌。之後將此誘捕器放置在蜂場、搖蜜裝瓶的工作室旁，或是吊掛在樹枝上。當您看到被誘捕的胡蜂或虎頭蜂數量之多時，應該會大吃一驚！

虎頭蜂

被虎頭蜂叮到會讓人痛不欲生，甚至喪命。其螫針沒有倒鉤，不會鉤斷在被攻擊者的皮膚裡，所以可以發動多次攻擊。虎頭蜂是兇猛的肉食性動物，當牠的大顎無東西可咬時，牠會對飛在空中的蜜蜂發動攻擊。虎頭蜂常會在蜂箱副蓋以及小型誘（蜜）蜂箱裡築巢，所以當您掀開蜂箱上蓋時，動作請放輕。消滅此兇惡膜翅目的最佳季節是在早春時。尤其要滅除的是來自亞洲的黃腳虎頭蜂（*Vespa velutina*），牠們會頻繁地攻擊蜜蜂。相反地，較不具攻擊性的黃邊胡蜂（*Vespa crabro*）則受到法令保護！

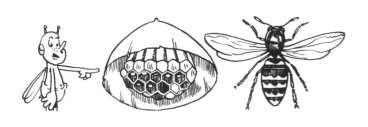

鬼臉天蛾

這種超大型蛾類的特徵是其背板有明顯的鬼臉圖樣。每年五月到九月的夜間，牠們會潛入蜂箱偷吃蜂蜜以及造成其他危害。夏季時，在馬鈴薯葉或是其他茄科植物上，我們可以遇見牠們的毛毛蟲，其形體相當碩大，且頭上還頂著一根S型的觸角。

家鼠與田鼠

當這些嚙齒動物鑽進蜂箱裡後，會造成不少危害。牠們會在巢框之間以麥稈或是乾草築窩，因而破壞了蜂蠟與蜂巢蜜。為避免鼠類侵入，在初冬時就應該縮小巢門。

蠟蛾

成為弱群或病群的蜜蜂，逃不了屬於鱗翅目的蠟蛾侵擾。一隻蠟蛾成蛾一旦鑽進蜂箱就可能造成滅群，這是因為牠可以產下200顆卵。造成破壞的不是成蛾，而是其幼年毛毛蟲，牠們會在蜂蠟（蜂巢）以及蜂箱木板中鑽出隧道。堆在巢箱上的繼箱同樣逃不了蠟蛾毛蟲的破壞。

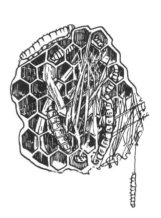

蜘蛛

大部分的蜘蛛對蜜蜂不構成太大威脅，然而，有些蜘蛛品種就像是喪心病狂的殺手，不管是蜜蜂、胡蜂、虎頭蜂、蝴蝶或是蛾類，只要一黏上蜘蛛網，就會變成牠的大餐。如果您仔細觀察不同蜘蛛的行為模式（通常在副蓋上活動），就會發現有些品種的蜘蛛反而會擋住其他害蟲（如蠟蛾）進入蜂箱，對於這類蜘蛛，養蜂人可以不必趕盡殺絕。

從前，蟾蜍、燕子、山雀、紅喉鳥以及其他飛鳥，都被視為是蜜蜂的天敵。今日，由於池塘以及其他天然水源日漸乾涸，蟾蜍也愈來愈少見。馬廄以及牛棚的減少，使得燕子找不到足夠的昆蟲可以捕食，群數降低。至於山雀以及紅喉鳥，則因住宅重劃而移除許多籬笆樹木，再加上殺蟲劑的濫用，已經瀕臨絕種危機。

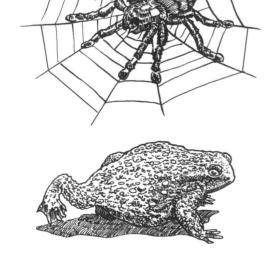

人類

人類其實才是最大的天敵，因為我們不僅製造殺蟲劑、滅菌劑以及其他有毒物質，還加以使用而破壞了自然環境：不管是動物、植物、河川、湖泊以及空氣都遭殃。還有些蓄意破壞者，以獵槍射擊蜂箱、踢倒蜂箱，甚至更過分地使用殺蟲劑殺害蜜蜂。

12種常見蜜源植物

L：植物拉丁學名
F：植物的科別
(花)：開花季節

琉璃苣（0.2~0.8公尺高）

L：*Borago officinalis*

F：紫草科

(花)：5~9月

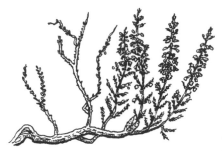

帚石楠（0.2~1公尺高）

L：*Calluna vulgaris*

F：杜鵑花科

(花)：6~9月

翼薊（0.5~1公尺高）

L：*Cirsium vulgare*

F：菊科

(花)：6~9月

油菜花（0.3~0.7公尺高）

L：*Brassica napus*

F：十字花科

(花)：4~5月

真正薰衣草（0.3~0.6公尺高）

L：*Lavandula officinalis*

F：唇形科

(花)：7~8月

常春藤（3~30公尺長）

L：*Hedera helix*

F：五加科

(花)：9~10月

浦公英（0.1~0.5公尺高）

L：*Taraxacum officinale*

F：菊科

(花)：3~11月

紫花苜蓿（0.3~0.6公尺高）

L：*Medicago sativa*

F：豆科

(花)：5~9月

黑莓（0.5~3公尺長）

L：*Rubus fruticosus*

F：薔薇科

(花)：5~8月

驢食草（0.2~0.6公尺高）

L：*Onobrychis sativa*

F：豆科

(花)：5~7月

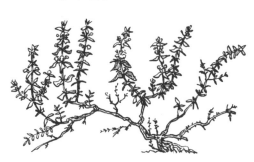

百里香（0.1~0.4公尺高）

L：*Thymus vulgaris*

F：唇形科

(花)：5~10月

向日葵（0.4~1.2公尺高）

L：*Helianthus annuus*

F：菊科

(花)：7~8月

12種木本蜜源植物

山楂花（2~6公尺高）
L：*Crataegus monogyna*
F：薔薇科
◎：4~5月

荊豆（1~2公尺高）
L：*Ulex europaeus*
F：豆科
◎：4~5月

錦熟黃楊（1~6公尺高）
L：*Buxus sempervirens*
F：黃楊科
◎：3~4月

橡樹（30~40公尺高）
L：*Quercus robur*
F：殼斗科
◎：4~5月

歐洲栗（20~30公尺高）
L：*Castanea vulgaris*
F：山毛櫸科
◎：6~7月

楓樹（10~15公尺長）
L：*Acer*
F：無患子科
◎：4~5月

歐洲冬青（2~10公尺高）
L：*Ilex aquifolium*
F：冬青科
◎：5~6月

洋槐（10~20公尺高）
L：*Robinia pseudacacia*
F：豆科
◎：5~6月

冷杉、雲杉、松樹等

蚜蟲在吸食這些樹木甜液後，排出微顆粒甜味物質，再由蜜蜂採回去釀成甘露蜜。

白柳（5~20公尺高）
L：*Salix alba*
F：楊柳科
◎：4~5月

西洋接骨木（2~10公尺高）
L：*Sambucus nigras*
F：五福花科
◎：6月

椴樹（10~30公尺高）
L：*Tilia cordata*
F：錦葵科
◎：6~7月

22種蜂場周遭的木本蜜粉源植物的冬季樣態

山楂花
Crataegus oxyacantha

洋槐
Robinia pseudacacia

錦熟黃楊
Buxus sempervirens

銀柳
Salix caprea

椴樹
Tilia cordata

岩槭（歐亞槭）
Acer pseudoplatanus

歐洲白蠟樹
Fracinus excelsior

金雀花（染料木）
Genista tinctoria

栗樹
Castanea vulgaris

荊豆
Ulex europaeus

橡樹
Quercus robur

西洋梨
Pirus communis

野生櫻桃樹
Prunus avium

歐洲榛果樹
Corylus avellana

蘋果樹
Malus communis

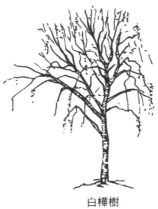

白樺樹
Betula alba

歐洲花楸
Sorbus domestica

大馬士革李
Prunus insititia

歐洲七葉樹（馬栗）
Aesculus hippocastanum

歐洲冬青
Ilex aquifolium

黑莓
Rubus fruticosus

常春藤
Hedera helix

嫁接

枝條嫁接法

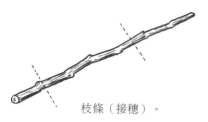

枝條（接穗）。

將砧木鋸開一小縫。

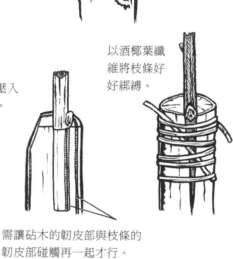

將切口修整一下。

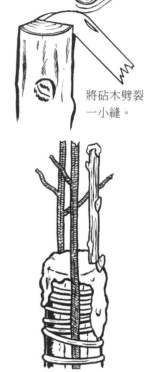

將砧木劈裂一小縫。

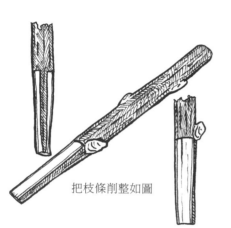

把枝條削整如圖

把枝條壓入砧木內。

以酒椰葉纖維將枝條好好綁縛。

需讓砧木的韌皮部與枝條的韌皮部碰觸再一起才行。

接著用「嫁接用癒合膏」來讓切口癒合，並以小樹枝保護被嫁接的枝條。

芽眼嫁接法

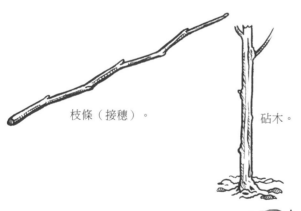

枝條（接穗）。

砧木。

劃出T字型切口。

將樹皮拉開。

以刀在枝條上取下一個芽眼。

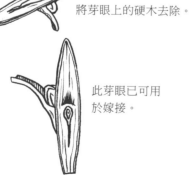

將芽眼上的硬木去除。

此芽眼已可用於嫁接。

以手指將芽眼盡量壓入，以刀背壓實，接著切去芽眼以上不需要的部分。

這樣嫁接就完成了。

以酒椰葉纖維將枝條好好綁縛。

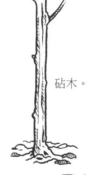

放置繼箱

放置繼箱的最佳時機為何？答案是：不過早也不過晚！這還真是令人難以抉擇的議題，不是嗎？其實只要您常常巡視蜂箱，要判斷在適當的時機擺上第一個繼箱並不困難。首先，「強群」是第一個線索，再來是外界蜜源豐富，如果兩個條件都具備，那時機就來了。其次，過早擺比過晚擺來的好，以免分蜂。有些蜂農因為沒時間或是沒空間安置繼箱，乾脆將繼箱留在巢箱上面越冬，直到採蜜時才取下。

如果您看到巢箱裡，有白色蜂蠟往巢框外膨脹的跡象，那麼事不宜遲，趕緊放上繼箱吧！

如果您怕蜂王跑上繼箱產卵，那請在下面的巢箱與上面的繼箱之間，放置一塊隔王板。專賣養蜂器具的商家都有提供不同樣式的隔王板，例如塑料隔王板或是鍍鋅的金屬隔王板。

在繼箱的巢框裡發現子脾，真是件令人困擾的事！

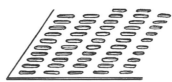

塑膠材質隔王版

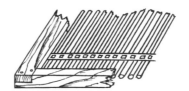

將鍍鋅的金屬隔王板鑲在木框裡的版本

如果您必須早點放上繼箱，建議在巢箱與繼箱之間插入一張報紙，以免巢箱裡的子脾受寒。

當蜜蜂需要爬上繼箱儲存花蜜與釀蜜時，她們會自動將報紙一點一點地咬開。

在巢箱上頭夾一張報紙？什麼怪招！

喂，大夥們，回巢時，別忘了讀讀上面的頭條新聞呀！

除了蜂蜜之外，如果您還想採集蜂膠，可以在繼箱之上放一張蜂膠採集板：它是由軟質塑料製成的穿孔網板。蜜蜂看見採集板，會急忙以蜂膠填滿網板的孔洞。當蜂膠採集板被蜜蜂填滿後，請將其取出放在冷凍庫裡使其硬化。之後，只要將採集板捲起來，蜂膠便會自動且乾淨俐落地脫落。

基本上，繼箱裡可以放進9支巢框，不過如果您希望獲取更多的蜂蠟（讓每個巢框的巢脾更為厚實飽滿），則請放入8框即可。也請記得在組合繼箱時，採用相對應的8框用巢框距離夾。

GUSTIN YVES

採蜜

為迎接採蜜時刻的來臨，建議選擇陽光滿溢，沒有雷雨威脅的好日子。不過也別想得太美，在掀開繼箱取蜜之前，所有該做的措施都不能少。蜜蜂討厭人類奪取她們辛勤採回的蜜，所以採蜜過程中，被螫個幾針是必然的。

在取下繼箱之前，請確認繼箱巢框裡的蜜脾都已經封蓋了。

取下繼箱採蜜，有幾種不同的進行方式。

一，使用脫蜂器。脫蜂器必須固定在一片木板上使用，如此一來，工蜂只能往下面的巢箱跑，無法上繼箱。

二，在一片與蜂箱相同面積的木板上，套一層麻布，淋浸「密班油」，然後將其放在繼箱上。

「密班油」聞起來近似苦杏仁，由於蜜蜂很討厭這種氣味，所以她們一聞到，便會趕緊躲到下面的巢箱裡。

圓錐形脫蜂器

Porter脫蜂器

圓形塑料脫蜂器

還有另一種直接使用燻煙器的方式，需另外準備一個空的繼箱。前面的步驟都一樣，接著將巢框一個一個移開，同時將蜂抖掉，或是使用蜂刷將還留在上頭的蜜蜂刷掉，之後將巢框置入空繼箱裡。這樣的操作方式比較耗時，但好處是蜜蜂會留在蜂箱裡頭。

不管使用哪種方法，如果繼箱的巢框裡還有子脾存在，那麼工蜂就會顯得更具敵意，不願意離開。

依據蜂場與取蜜廠房距遠近，您可能徒手或是用蜂場手推車來搬動繼箱，甚或運用其他花費更高的先進搬運工具。

他竟然敢拿我的蜜！

盜蜂

如過您不夠警覺，「盜蜂」事件就可能發生在您的蜂場。

蜂場若發生盜蜂，有時會產生相當嚴重的後果，盜蜂發生的原因為何呢？首先，這要算是蜂農的疏失：一，外界蜜源嚴重缺乏時，蜂農卻在大白天餵食大量的糖水。二，保留破損或是狀況欠佳的蜂箱而未加以處理，讓臨箱的蜜蜂有機可趁。三，在採收或是查蜂後，讓帶蜜的蜂巢塊或是蜂蜜流得到處都是，而未加以整理。四，保留弱群或是無王群，而未加以即時處理。

盜蜂的過程其實是這樣發生的：這隻年老的採集工蜂，嗅到弱群蜂箱裡散發出可口的蜂蜜氣息，決定而動手行搶。

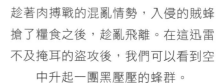

這隻意圖盜蜜者，如果能夠閃過防衛工蜂的阻擋而順利入巢的話，已成功一半，她馬上會通知其他同巢工蜂前來。此時盜蜂現象正式上演：被通知的援兵開始對此箱蜂發動攻擊。雖然一開始會被守衛蜂驅逐，但由於盜蜂者「蜂多勢眾」，最後還是會占領原來的弱群蜂箱。

在受盜蜂箱出口的起飛板上，我們可以觀察到盜蜂與守衛蜂一對一的肉搏戰，她們開始用螫針刺向對方的腹部。

趁著肉搏戰的混亂情勢，入侵的賊蜂搶了糧食之後，趁亂飛離。在這迅雷不及掩耳的盜攻後，我們可以看到空中升起一團黑壓壓的蜂群。

雙方經過幾次攻防，工蜂變得情緒激動且極具攻擊性，看到任何會動的東西，她們都會毫不猶豫地螫上去。此時，您必須穿好蜂衣，以防來自四面八方的攻擊。

當您一觀察到盜蜂現象，就必須趕快縮小巢門、黏合蜂箱隙縫，並移走繼箱等等。之後，您也必須去除盜蜂發生的所有可能原因。

可以抓一把雜草堵住部分的巢門口，以防止盜蜂們進入。還可向盜蜂群噴煙或是灑水，以協助受攻擊蜂箱的蜜蜂或是防衛工蜂們抵禦外侮。遇到以上阻礙，盜蜂群們最後會選擇放棄偷盜。

遇到盜蜂，卻沒即時處理，會對您的蜂群造成嚴重後果：受盜群可能死傷慘重。此外，因為盜蜂而四處飛竄的蜂群也會對鄰居或是路人造成危險，因為這時，激動的工蜂將見人就螫。所以，應該小心防範盜蜂發生！

繼箱管理與儲放

不管蜂蜜的收成好或差,所牽涉到的繼箱管理與儲放工作都是一樣的。

在將繼箱收起來存放之前,務必讓繼箱被「舔過」,這是指讓蜜蜂將巢框清乾淨。第一種方法:(A) 將繼箱放回巢箱上。第二種方法:(B) 直接在蜂場將繼箱堆高儲放,但中間要插入木條,好方便蜜蜂出入,並在最上面放置上蓋,以防雨淋。

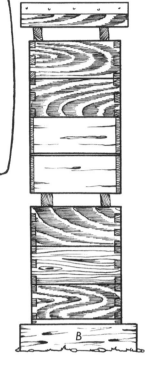

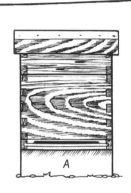

完成「蜜蜂舔食」程序後,就可以進行繼箱儲存的工作了:同樣地,有幾種不同的作法。一種是將繼箱放回巢箱上,另一種是將繼箱層層堆起。

繼箱的巢框裡若還留有粉脾,請記得取出,因為蠟蛾很愛吃花粉。否則,春天一到,您可能會發現巢框裡的蜂蠟被吃乾抹淨,然後蠟蛾的毛蟲歡樂地四處鑽動。

如果您擁有花園或是院子,那麼儲放繼箱將不成問題。將繼箱堆起來後,別忘了在最下方以及最上方各放置一張木框格網,以防蜜蜂的天敵鑽進去……

最後在頂部放置上蓋以防雨淋,如此一來不怕淋濕,又有網框可助通風。

如果您的儲放空間是密閉的,且僅透過紗窗通風的話,建議您每堆放三或四個繼箱就插入一張報紙,然後在上頭放上一、兩顆樟腦丸。

如果您擁有非封閉式的建物(如車庫或廠棚),在堆起繼箱後,別忘了在頂部和底部都放置一張格網。漫長的冬季期間,也可以燃燒一片二氧化硫燃片,不過,二氧化硫蒸燻殺不死蠟蛾的卵。

繼箱管理與儲放　　91

不管您使用哪種儲放方式，請務必以起刮刀將巢框上的蜂蠟刮除乾淨。待繼箱與巢框都恢復原狀之後，才進行繼箱的儲放作業。

如果您的繼箱數量不多，可以直接在蜂場或是任一儲放空間，將這些空繼箱堆高存放。

他忙得不亦樂乎呀……

至於繼箱用的巢框，則必須儲放在乾燥且涼爽的地方，例如有紗網保護的大櫥櫃。不過每個蜂農都有各自適用的方法或是創意，重點是乾燥涼爽且通風。

他幹麼把我們的繼箱巢框堆高高呀？他是巢框收藏家嗎？

採蜜廠房

如果您有電動搖蜜機，那請插電使用吧。如果您只有手動搖蜜機，那就捲起袖管，開始轉動手搖柄吧，加油！

請在搖蜜機的下方出蜜口，放置接蜜桶和一個過濾用篩網。

這蜜真好……

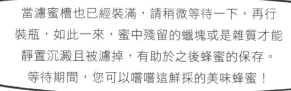

當接蜜桶裝滿蜂蜜時，將蜂蜜倒進濾蜜槽裡，請事先確認濾蜜槽裡的濾網已經安裝完成。

當濾蜜槽也已經裝滿，請稍微等待一下，再行裝瓶，如此一來，蜜中殘留的蠟塊或是雜質才能靜置沉澱且被濾掉，有助於之後蜂蜜的保存。等待期間，您可以嚐嚐這鮮採的美味蜂蜜！

蜂蜜萃取出來後，需要加熱嗎？每個蜂農的作法不同，對我個人而言，我覺得這道手續實在違反自然。

我愛好蜜。

天然的蜂蜜裡含有對人體消化有助益的澱粉酶，如果過度加熱，就會被破壞，如此一來，此蜜就不再是「活的食物」，也失去其益處。

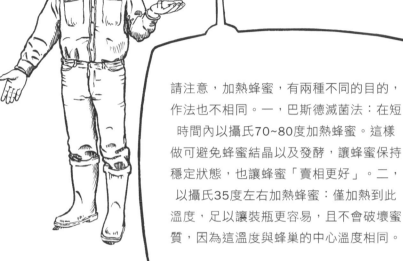

請注意，加熱蜂蜜，有兩種不同的目的，作法也不相同。一，巴斯德滅菌法：在短時間內以攝氏70~80度加熱蜂蜜。這樣做可避免蜂蜜結晶以及發酵，讓蜂蜜保持穩定狀態，也讓蜂蜜「賣相更好」。二，以攝氏35度左右加熱蜂蜜：僅加熱到此溫度，足以讓裝瓶更容易，且不會破壞蜜質，因為這溫度與蜂巢的中心溫度相同。

其實在不破壞蜜質的前提下，有幾種加溫方式可以參考。業餘者可以採用隔水加熱；半職業者可以購買「蜂蜜加溫棒」（Défiguer）；職業蜂農可在蜂具專賣店找到不同的設備以適合所需：用於單一蜜桶的加溫環帶、用於4~6桶的熱烘箱以及適合於6桶以上的加溫室。

在此做個小結：如果您想提供給消費者高品質蜂蜜，請僅採收天然封蓋蜜，並將蜂蜜保存在涼爽不潮濕的地方。尤其請花一些時間和消費者解釋，蜂蜜結晶是完全天然的現象，無需存疑。

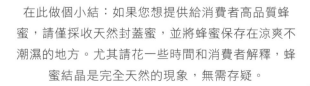

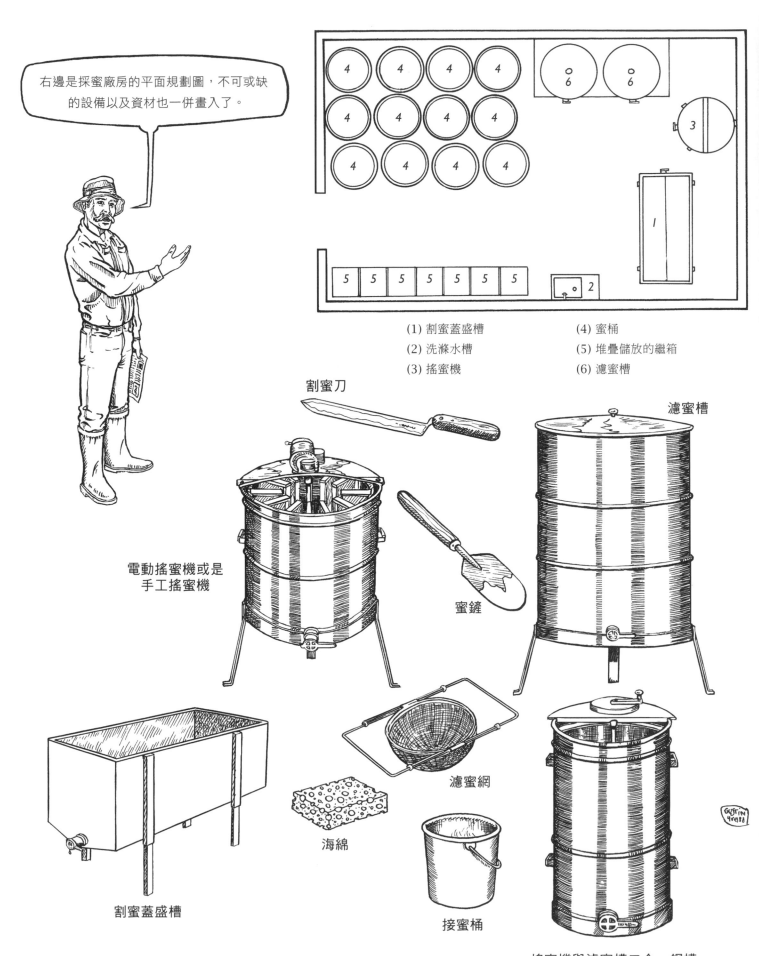

右邊是採蜜廠房的平面規劃圖，不可或缺的設備以及資材也一併畫入了。

(1) 割蜜蓋盛槽
(2) 洗滌水槽
(3) 搖蜜機
(4) 蜜桶
(5) 堆疊儲放的繼箱
(6) 濾蜜槽

割蜜刀

濾蜜槽

電動搖蜜機或是
手工搖蜜機

蜜鏟

割蜜蓋盛槽

海綿

濾蜜網

接蜜桶

搖蜜機與濾蜜槽二合一鋼槽
（內含濾網）

割蜜蓋盛槽

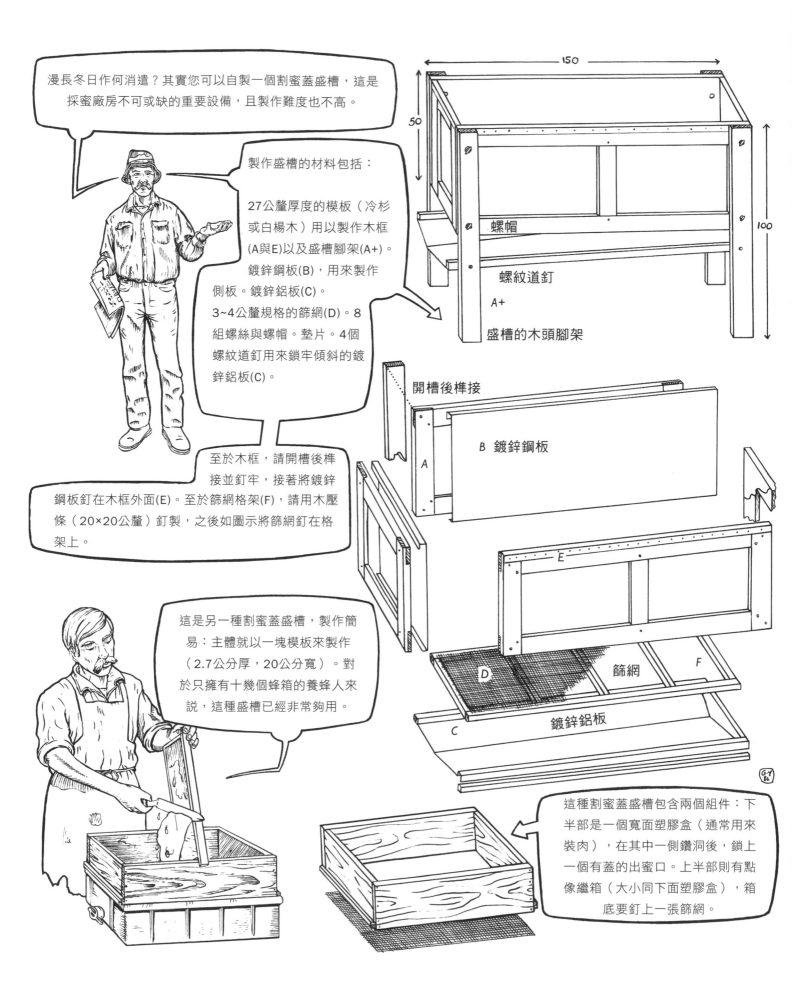

漫長冬日作何消遣？其實您可以自製一個割蜜蓋盛槽，這是採蜜廠房不可或缺的重要設備，且製作難度也不高。

製作盛槽的材料包括：

27公釐厚度的模板（冷杉或白楊木）用以製作木框(A與E)以及盛槽腳架(A+)。鍍鋅鋼板(B)，用來製作側板。鍍鋅鋁板(C)。3~4公釐規格的篩網(D)。8組螺絲與螺帽。墊片。4個螺紋道釘用來鎖牢傾斜的鍍鋅鋁板(C)。

至於木框，請開槽後榫接並釘牢，接著將鍍鋅鋼板釘在木框外面(E)。至於篩網格架(F)，請用木壓條（20×20公釐）釘製，之後如圖示將篩網釘在格架上。

這是另一種割蜜蓋盛槽，製作簡易：主體就以一塊模板來製作（2.7公分厚，20公分寬）。對於只擁有十幾個蜂箱的養蜂人來說，這種盛槽已經非常夠用。

150

50

100

螺帽

螺紋道釘

A+

盛槽的木頭腳架

開槽後榫接

B 鍍鋅鋼板

A

E

D

篩網

F

C

鍍鋅鋁板

這種割蜜蓋盛槽包含兩個組件：下半部是一個寬面塑膠盒（通常用來裝肉），在其中一側鑽洞後，鎖上一個有蓋的出蜜口。上半部則有點像繼箱（大小同下面塑膠盒），箱底要釘上一張篩網。

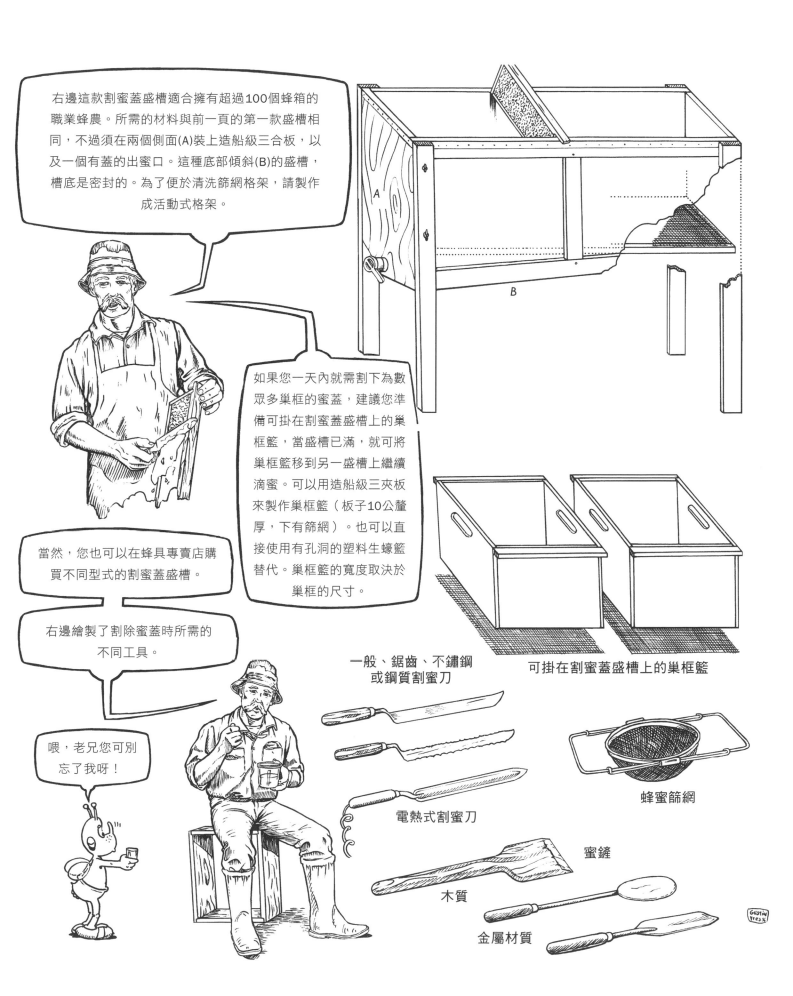

右邊這款割蜜蓋盛槽適合擁有超過100個蜂箱的職業蜂農。所需的材料與前一頁的第一款盛槽相同，不過須在兩個側面(A)裝上造船級三合板，以及一個有蓋的出蜜口。這種底部傾斜(B)的盛槽，槽底是密封的。為了便於清洗篩網格架，請製作成活動式格架。

如果您一天內就需割下為數眾多巢框的蜜蓋，建議您準備可掛在割蜜蓋盛槽上的巢框籃，當盛槽已滿，就可將巢框籃移到另一盛槽上繼續滴蜜。可以用造船級三夾板來製作巢框籃（板子10公釐厚，下有篩網）。也可以直接使用有孔洞的塑料生蠔籃替代。巢框籃的寬度取決於巢框的尺寸。

當然，您也可以在蜂具專賣店購買不同型式的割蜜蓋盛槽。

右邊繪製了割除蜜蓋時所需的不同工具。

喂，老兄您可別忘了我呀！

可掛在割蜜蓋盛槽上的巢框籃

一般、鋸齒、不鏽鋼或鋼質割蜜刀

電熱式割蜜刀

蜂蜜篩網

蜜鏟

木質

金屬材質

割蜜蓋盛槽　101

秋季的養蜂作業

每年最後一次查蜂請在10月15號以前完成，請找個陽光大好的日子前去。

此次查蜂的主要目的是確認您的蜂群是否有足夠的存糧足以越冬（一箱蜂至少要有8公斤的蜂蜜可吃；依據現代蜂箱形式之不同，滿框的巢箱至少要有10~15公斤的存蜜）。

古人會把鳥兒殺了，取出內臟，一同放入蜂箱，認為如果蜜蜂冷了可以躲到鳥羽下取暖，萬一蜜都吃完了還可以吃腐化內臟。這種古法建議不要學喲！

別忘了放置金屬巢門縮小片，以防止可能的天敵入侵蜂箱。

養蜂朋友們，別忘了要靠甘露蜜過冬可不容易！

一群（一箱）蜂至少需要有5框的蜂量，否則最好併群（併入另一箱蜂）。如果因某些因素而無法併群，也可放入與巢框相同面積的木隔板（或是在空巢框裡釘上一張厚紙板），目的是縮小巢箱空間，以提高保溫效率。

你們可以仿效這位蜂農餵我們一小塊蜜糖磚，以幫助我們越冬，如此，春天時我們將更加健壯。

為了協助弱群熬過冬天，您可在副蓋上覆上一塊麻布，不過請記得在上頭鑽個小洞，以利空氣流通。

木頭隔板？太好了，可以盡情玩音樂不怕吵到鄰居了！

這裡提供您一個重要的建議：蜜蜂怕濕更勝於怕冷，所以請讓蜂箱朝出口的方向朝下傾斜。也須注意通風（請參閱第48頁〈蜂箱的構造與組成〉與第110頁〈準備越冬〉），這樣一來，就不怕蜂箱內過於潮溼。每當蜂群受到驚擾（如撞到蜂箱、風大、樹枝掉落蜂箱上等），蜜蜂們就會開始吃蜜，同時產生碳酸以及水蒸氣。

請花一些時間將蜂箱附近的草拔除，以利通風。蜂箱通風不良，蜜蜂們會出現拉肚子的現象，一旦發生，她們又會食用更多蜂蜜。

不過，蜂箱內還是需要一些濕氣，蜜蜂會從中獲取水分，好用於調和已經結晶的蜂蜜。但要當心，如果水分太多造成結冰，可能會進一步降低蜂箱內的溫度。

是否真的有必要將出口以及所有縫隙都塞住，以協助蜜蜂越冬嗎？這個問題必須由各個蜂農根據其所在地區的天候條件來決定。然而，過度保暖也會讓蜜蜂對外界氣溫失去敏感度，她們可能會錯失陽光露臉的外出機會。

十八世紀時，有些蜂農會以自製塗漿來塞堵蜂箱空隙，其原料是2:1的牛糞與生石灰，有些人還會在外面裹上一層麥稈（這種塗料可以防止鼠類入侵）。二十世紀初的某些東歐國家蜂農，會把蜂箱放在筒倉裡，然後用麥桿掩覆，再接一個通氣管通風。加拿大人則將蜂箱安置在地窖裡。今日的法國蜂農會以塑膠遮雨布包覆蜂箱抗寒，有也有人將蜂箱以四個一組的方式鄰箱擺置取暖（如右圖所示）。

不要將空的蜂箱或是病群蜂箱留置在蜂場當中。

如果場地風很大，請在我們家屋頂上壓一塊大石頭！

在確認過蜂箱已被安穩地放置在腳架（或墊高物）上，蜂場也整理乾淨後，您就可以回家休息了。越冬時，蜜蜂需要休息，請不要去打擾她們，否則將不僅會造成蜜蜂的損失，也會造成您的損失。

製作養蜂蜜糖磚

當蜜蜂欠缺糧食時，可以製作養蜂蜜糖磚，增加糧食補給。

製作蜜糖磚的配方相當多樣，每個蜂農都認為自己的版本最棒，而養蜂初學者則常常在不同的配方之間猶豫不決。我曾經歷多次失敗，但慢慢地，我也成功了。反覆的革新試驗是必須的，如此每個人才能找到自己所養的蜜蜂會喜愛、又容易被其消化吸收的蜜糖磚配方。這種固體食物通常是在冬天飼餵，因為當氣溫一降低，蜜蜂就不愛吃糖漿了。

蜜糖磚製作工具：
一個煮製果醬用的銅鍋
一隻木匙
一隻甜食主廚專用的溫度計
（最高溫攝氏120度）
一塊海綿

準備好了嗎？那我們開始吧！

現在請您確認水分沒有過度蒸發：請用木匙舀一湯匙糖漿，

然後讓它徐徐滴下，如果看起來質地亮澤且綿稠，表示水分還夠，您到目前的操作都很正確……

在銅鍋裡倒入1公升水，加熱後，再加入5公斤糖，攪拌均勻後，轉為大火。

現在您的糖水混合液達到攝氏90度，完美的溫度。

可不要像我一樣，煮到糖漿都溢出來了！

請當心！溫度很快會上升到攝氏110度，糖漿會開始出現慕斯狀泡沫，很可能會膨脹溢出銅鍋。為避免此情形發生，請拿濕潤的海綿在鍋子內壁（直到糖漿上緣）潤刷一圈。此時，沸騰會維持穩定狀態。請繼續加溫到攝氏117度（可以的話，請將溫度計掛在鍋緣以空出雙手）。一旦溫度上升到118度，立即離火，否則您的蜜糖磚會製作失敗。

接著加入1公斤已事先隔水加熱過的蜂蜜。在等待降溫的過程中，千萬不要攪動蜜糖混合液。當溫度降得夠低，

用木匙快速攪拌，直到整個失去透明度，轉變成白色不透明狀。此時請繼續攪拌不要停，不然蜜糖磚會開始變硬。完成後，就可以將混合液倒入模具裡了。

哇，有蜜糖磚可吃了！

趕緊倒入蜜糖磚的模具裡！

不必浪費錢買蜜糖磚的模具，使用裝過食物的舊鋁盒或是利樂包牛奶盒即可。

蜜糖磚模具的好選擇：將磚形的利樂包牛奶盒縱剖一半即可。

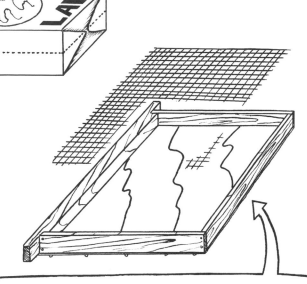

另一種方式，是將蜜糖溶液倒入巢框當中，不過其中一面需用加壓纖維板封住。此外還建議在蜜糖溶液中襯入一塊紗網，以便整塊完整地拿取出來。

現在只消將蜜糖磚放置在副蓋上頭就行了。

剛開始時，我建議您少量試做就好。當您的技術進步後，再依照您需求的數量去製作。煮製過程中，務必注意加熱的溫度要夠高且夠快。

不然……，對於還在猶豫要不要自行製作蜜糖磚的人，也可以考慮到蜂具專賣店購買。我再建議一個簡易配方（非蜜糖磚，也非糖漿），保證蜜蜂也愛吃。

先生，我可以嚐嚐您的蜜糖磚嗎？

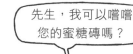

以一個蜂箱的補給量來計算：在1公斤的糖裡加入略少於250克的水，加熱使其融化成稠度相當高的糖漿，接著將糖粉拌攪進去，直到質地變得稠實成糰時，裝入模具定形。之後，當有需要時，就可以用來餵蜂。

過晚的飼餵

準備越冬

您剛剛利用了秋季某日的好天氣進行了最後一次的查蜂作業。而您也很高興地觀察到巢中存糧豐富，您的蜂群們不怕冬季裡犯飢荒。否則，請立刻補上稠度較高的糖漿。

既然冬季存糧解決了，讓我們處理一下蜂箱外的議題。請將蜂箱前的荊棘植物剪除，以免擋住蜂箱出入口。也修剪一下旁邊的樹枝，以免風大時搖擺的樹枝拍打撞擊蜂箱外壁。

別忘了裝上巢門縮小器，因為小型鼠類鑽進蜂箱裡可不是件好事。木頭的巢門鎖小片(A)其實可以自己製作，金屬巢門縮小片(B)可在專業蜂具專賣店買到（有不同的樣式可供選擇）。

冬日迫近的時刻，蜂農要更加謹慎小心。在冬天來臨之前，對於蜂群的細心照護，可讓您在春季時擁有一群健康且充滿活力的蜂群。蜜蜂在越冬期間死亡，最可能的肇因就是糧食不足。

若您使用達頓蜂箱，則該群蜂在冬季平均會吃掉15~20公斤的蜂蜜；假使採用的是郎式蜂箱，則消耗量在12~15公斤之間。如果您怕冬季太漫長，存糧可能會不足，則請餵給小蜜蜂們蜜糖磚，她們會由衷感激的。

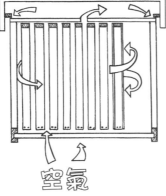

弱勢蜂群的群勢衰弱或是蜂量不多，那就必須運用隔板來保溫。

空氣

請記得將蜂箱稍微往前傾斜，以利空氣流通，因為蜂箱內的濕氣會造成疾病發生：例如蜜蜂下痢。事實上，蜜蜂吃愈多糧食，就會產生愈多碳酸以及水蒸氣。

隔板的外框其實就是巢框，只不過將其中的巢礎換成厚紙板罷了。不管如何，隔板都不應阻礙蜂箱內的空氣流通。

建議在蜂箱箱底留個**孔洞**，然後裝上紗網，此舉有助空氣流通。

如果您用的蜂箱有**活動箱底**，請將巢箱稍微往後移動一些（將A圖移動如B圖），以避免雨水順著箱壁底部滲進蜂箱。

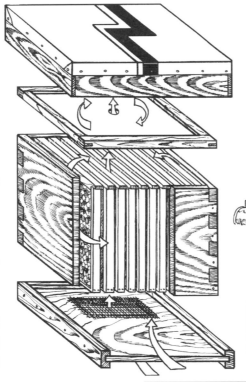

A

B

通風路徑

最後注意事項：請在箱蓋上放一顆大石頭。依據您蜂箱所朝方位之不同，這個石頭在冬季或許能幫上大忙，因為有時風吹得極為猛烈。

如果現場找不到大石塊，也可以將箱蓋跟蜂箱主體綑綁在一起。

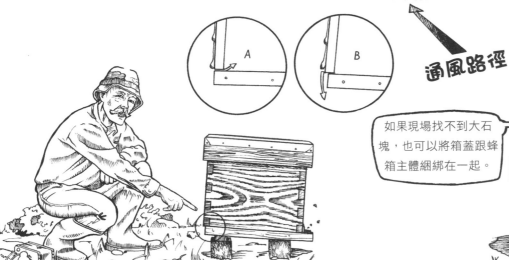

準備越冬 111

冬季查蜂

要讓蜜蜂好好越冬，您務必要確認蜂箱裡有足夠的糧食。所預留給她們的食物愈多，她們反而吃得愈少；相反地，她們很快地就會把存糧給吃光。一群住在壁板較厚蜂箱裡的蜜蜂，如果在抱團取暖時的直徑能達到15公分，基本上越冬不成問題。有些蜂農甚至建議使用2倍或3倍壁板厚度的蜂箱。

這不是蜜蜂在外頭蹓躂的好時機！

我個人傾向採用一般壁板厚度的蜂箱，因為一旦出大太陽，蜂箱裡的升溫速度也較快。

蜂箱擺放的位置要讓太陽能夠曬到、附近有屏障且必須放置巢門鎖小片。蜂箱裡還是要有一些濕度，蜜蜂才能稀釋、食用蜂蜜。一般而言，蜜蜂食用蜂蜜的溫度約在攝氏12~14度。試想一下，天寒地凍時，她們吃蜜的難度將會非常高。

事實上，一般壁板厚度的蜂箱相較於兩倍壁板厚度蜂箱，箱內的溫度差只有攝氏2度。足夠的糧食才是蜂群存活的關鍵。一群抱團的蜂可以在攝氏零下30度存活，有些品種的蜂還可以忍受更低的溫度。然而，被單隻隔離的蜂在攝氏5度就會死亡。

讓我們來觀察越冬時期，蜂箱內的蜂群行為表現。此時蜜蜂會「抱團」：當溫度降到攝氏18度，抱團最外圈的蜜蜂就會開始振翅。為了回應此簌簌振翅聲，蜜蜂會開始吃蜜，蜂箱內的溫度也隨之提高。隨著時間推進，已經吃過蜜的外圍蜂會被由內往外移動的蜜蜂替代。真是秩序井然呀！

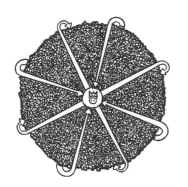

若有不同群的蜜蜂不情願地被併群，她們還是會為大局著想，一起抱團，好維持足夠的溫度以存活下去。在越冬時節，尤其大寒來臨時，請避免在蜂箱附近製造聲響。此時即便是將蜂箱出入口前的雜草拔除，都會干擾蜂群，使她們猛吃蜜。然而糧食不能太快被食盡，萬一春天遲遲不來。對蜜蜂而言，冬天平均有6個月，而一個蜂箱應有的存糧為12~15公斤（達頓或郎式蜂箱）。

依據氣候條件的不同，每個國家協助蜜蜂越冬的方法也各異。在美國，有些蜂農會將蜂箱放在地窖裡頭。在加拿大，蜂箱被以4或6個為一組，放在一個可以活動拆解的大櫃子裡，櫃壁還會鑿出入口，以對應蜂箱的蜜蜂起飛板。

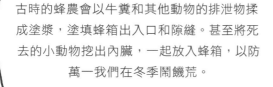

古時的蜂農會以牛糞和其他動物的排泄物揉成塗漿，塗填蜂箱出入口和隙縫。甚至將死去的小動物挖出內臟，一起放入蜂箱，以防萬一我們在冬季鬧饑荒。

今日，有些蜂農會將繼箱直接留置在巢箱上，這點我們可不贊同，因為這會讓箱內溫度降低（攝氏2~3度）。或許您認為這降溫微不足道？但對身軀嬌小的我們，這差異卻有天壤之別。

如果您的蜂箱處在溫帶，而冬天也將近尾聲，則可找一個陽光大好的日子去查蜂。請在一邊的箱壁快速輕敲一下，如果很快聽到蜜蜂振翅聲，那表示一切安好。

查蜂時，也請順便清理一下蜂箱出入口，好方便蜜蜂首次出巢時，能順利無阻礙。

在極為嚴寒的地區，積雪可能會擋住蜂箱出入口，建議此時最好不要清掃蜂箱出入口的蜜蜂起飛板，因為您的善意舉動可能會導致抱團解體。如果是真的有必要掃雪，動作務必輕柔溫和。

看來今年冬季相當漫長，您感覺蜜蜂可能會缺糧？建議您在副蓋上放一塊蜜糖磚飼餵蜜蜂。請記得動作放輕。

噢！我聞到蜜糖磚在呼喚我了。

保持蜂箱箱底潔淨

許多年以前，並不需要常常去清潔蜂箱箱底。不過，自從可怕的蜂蟹蟎出現之後，保持箱底清潔以便置入蜂蟎偵測抽屜，變成養蜂工作不可或缺的事項。

蜂蟎偵測抽屜的主體就是巢框，框裡必須釘上一張塑膠或是金屬材質的濾網。

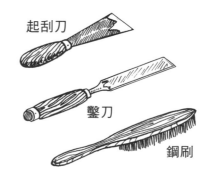

您應該曾經觀察過蜜蜂總愛在箱底之上、巢框之下以蜂蠟搞出建築工事。此外，螞蟻還常會帶來腐殖土以及其他各種碎屑；蜂箱隙縫缺口可能掉落小碎塊。以上各種垃圾會堆積而部分造成箱底阻塞。

如果您擁有的是老式蜂箱，則必須依據狀況不同來解決：若是蜂箱入口過於狹小，請擴大巢門；若是箱底是固定的且與巢箱連成一體，則建議您鋸掉底部。每個蜂箱都有兩面可用、且可分離的箱底，對您而言百利而無一害。

右邊是清潔箱底所需的工具：一把木柄起刮刀、鋼刷、火焰噴槍以及一個空的繼箱。若您使用的是標準蜂箱，那麼應該準備1~2個箱底備用。

起刮刀

鑿刀

鋼刷

火焰噴槍

冬季應處理的養蜂事項

冬季一來臨，在蜂場的實地養蜂作業就暫告一段落了，但蜂農也不是沒事可幹。他應趁機審視過去一年的養蜂成績、盤點養蜂設備，若有需要，則翻閱專業蜂具目錄，好預先訂購養蜂資材與設備。

還不止呢，養蜂人還應填寫給衛生機關的報告單、幫蜂箱重新投保，當然也要續訂新一年份的專業養蜂雜誌。

冬天也是重新塗漆標示蜜蜂健康衛生序號的好時機。假使衛生機關人員在巡檢某個他人蜂場時，發現有蜂病跡象，就可以採取預防措施，並同時依循您的蜜蜂健康衛生序號，告知您處理狀況。

在漫長的冬季時節裡，在不驚擾蜜蜂的前提下，打掃整理蜂場是必須且有益的。如果您還沒時間保養清潔養蜂工具，請請趁這時候進行。

您已經檢查過繼箱的狀況是否良好了嗎？記得好好保養與存放，春天時就得派上用場了。

請利用這段比較空閒的時間修修東西。我估計您的部分蜂箱與巢框應該有所破損或是毀壞，需要進行一些修整與保養。

12月是感恩與送禮的季節：或許可以送給周遭親朋好友們一罐蜂蜜、一瓶蜂蜜酒、一塊巢蜜、花粉，又或者送給他們養蜂相關書籍。如此一來，他們也可以進一步認識多樣的蜂產品囉！

春季查蜂

早春季節，已可看到春芽與少部分花朵初綻，雖然這時蜂箱裡的活動還不熱絡，但查蜂仍是必要的。請找個有陽光的日子，去蜂場看看蜜蜂採水槽裡有無足夠的水，也看看周遭植物的生長狀態。請確認蜜蜂健康衛生序號是否標示清楚。

蜜蜂健康
衛生序號

如果您觀察到工蜂因為附近的蒲公英以及柔荑花序樹木的花粉豐富，而開始頻繁外出，那麼請開始清理蜂箱出入口前的雜草等任何可能的障礙物。

請檢查蜂箱的外觀：包括是否有鼠類造成的縫隙或是破洞、蜂箱出入口是否受阻、以及箱底是否汙穢等等。如果蜂箱出入口被蜂蠟碎塊以及樹葉堵住了，這表示已經有老鼠進駐。可想而知，這群蜂應該體質很弱、蜂王可能已經死亡或是蜂齡已經很大了。甚至蜂箱可能是空的。請趕快將這個蜂箱搬離，因為它非常可能成為感染其他蜂群的病菌來源。

不要在蜂場耽擱太久，以避免干擾蜜蜂。在巡視完蜂場後，我建議您記下每個蜂箱的名字（或編號），以及所有蒐集到的相關資訊。

繼續以燻煙器向蜂箱出入口噴兩下，讓蜜蜂知道您還在這。然後輕敲箱壁，如果您聽到短暫的蜜蜂振翅鳴聲，這表示蜂群很健康。如果您看到飛回來的蜜蜂腳上載滿花粉，不久後又急忙飛出去採集，這是好現象：這表示蜂王正在產卵中！

四月

您可以用蜜糖磚或是糖漿進行飼餵，但只要小量餵食就好，以免發生盜蜂事件。

調製糖漿

以糖漿來刺激蜜蜂進食更多。

只要將糖漿一端出來（不管是以糖、蜂蜜，或是混合兩者製成），蜜蜂就會迫不及待來吃食。秋季飼餵的目的，是協助蜜蜂能夠更好地越冬；這時的糖漿要盡可能濃稠，省得工蜂還要耗體力搧風以蒸發其水分。春季飼餵的目的，是鼓勵蜂王加緊產卵，此時糖漿要調稀，因為養育子脾還是需要用到水分。您可以在一般的蔗糖裡加入酒石酸或是醋，使其變成轉化糖漿。

配方一（春季）：糖 7 kg + 水 4 L。
配方二（秋季）：糖 5 kg + 水 2 L + 蜂蜜 1 kg。

市售的各種飼餵器

英式飼餵器的結構原理

副蓋飼餵器的結構原理

浸泡過蜂蠟的木質副蓋飼餵器

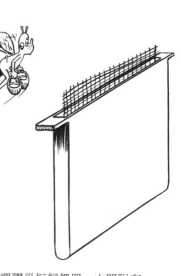

塑膠巢框飼餵器：中間附有一張網梯。您也可以用一般的巢框自行製作：兩邊用加壓纖維板封起，然後整個浸泡在石蠟裡即可。

兩種塑料飼餵器
上：Lorho飼餵器
右：英式飼餵器

飼餵器簡易製作法

取一個食用油金屬罐，將其中一面切開，之後以鋸屑清潔（非常有效）。以打孔鉗在另一面的中央開一個直徑18公釐的孔洞，在上頭黏上且鑽緊一個已經事先鑽孔（同樣直徑18公釐）的木塊，或使用黑色聚氨酯橡膠的短管替代也可以（同樣口徑）。給蜜蜂站立的浮板，一塊保麗龍板或是以廢木料釘成即可（如上圖）。接著將飼餵器放在副蓋上，倒入糖漿。

另一種方法：拿一個洗乾淨的食用油金屬罐，以細尖的鑽頭在其下方打幾個小孔(A)。倒入糖漿，也加點壓力以擠出空氣。將此飼餵器平放於副蓋上，過一會兒，您就會見到蜜蜂們在這些小孔旁一隻挨著一隻食用糖漿，模樣就像小豬仔吸奶。

分蜂期的到來

春天來臨了，百花齊放！原野上布滿了無數種小花，樹木們也都穿上時尚的春季新裝。花粉與花蜜的氣息在空氣中流動，甚至輕輕地飄落在蜂箱的蜜蜂起飛板前。美景當前，蜜蜂們當然也不會無動於衷。這在欣欣向榮的季節裡，養蜂人所面對的是分蜂熱的來臨。業餘養蜂人或是職業蜂農都迫不急待此歡欣時刻來臨，因為這表示他的蜂群將要擴大了。

有哪些因素會使得分蜂更容易發生呢？一，蜂群龐大，蜂巢（蜂箱）太小，蜂王沒有空間可以產卵。二，蜂箱空氣不流通、溫度太高。三，雄蜂數量太多。四，外界蜜源豐富。五，我觀察到，蜜蜂就如動物或是植物一般，在嚴酷的寒冬之後，因生存本能的促使而產生分蜂。相對地，在暖冬之後，分蜂極少發生。

就像我們養蜂朋友說的：「分蜂的愈早，蜂群狀況愈好，群勢也愈大。」

這分蜂群真美呀。此為原生分蜂群，由飛離蜂巢的老蜂王、工蜂與雄蜂組成。通常，她們會落在離蜂箱不遠的幾公尺之外。而由處女王和一部分原蜂箱的蜜蜂組成的分蜂群，被稱為「次要分蜂群」。無憂無慮且帶野性的處女王常常隨處停留，許多職業蜂農不願意抓回通常群勢較弱的次要分蜂群，認為相對收益不大。

我們可不會空手離巢，會將花粉、蜂蜜與蜂蠟一起帶走。

對於仍執意要抓回弱小分蜂群的業餘養蜂人，我建議在小蜂箱的中心處，插入一框子脾以及一框蜜脾，以利後續蜂群發展。

為了避免自然分蜂而失去蜂群，有一個老派但目前仍被運用的方法是：將已完成交配的蜂王一邊翅膀剪斷，使其在分蜂時無法飛逃。所有的蜂農都有權追隨分蜂群，並將其抓回，但若分蜂群停落在私人的產業土地上，則必須得到地主同意，才能將蜂團擒回。

分蜂期介於4月到6月之間

大伙們，早上11點下午4點之間，咱們伺機行動。

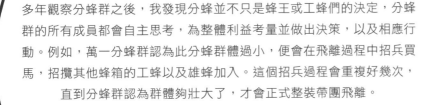

多年觀察分蜂群之後，我發現分蜂並不只是蜂王或工蜂們的決定，分蜂群的所有成員都會自主思考，為整體利益考量並做出決策，以及相應行動。例如，萬一分蜂群認為此分蜂群體過小，便會在飛離過程中招兵買馬，招攬其他蜂箱的工蜂以及雄蜂加入。這個招兵過程會重複好幾次，直到分蜂群認為群體夠壯大了，才會正式整裝帶團飛離。

自古以來，我們的養蜂朋友們嘗試了很多種或多或少有效的方法，以避免分蜂群飛逃。有些人會敲擊飯鍋或是鐵罐來模仿雷聲。也有些人會丟土或撒沙，甚至灑水，好讓我們就近停落下來，不會飛太遠。

哼，以為這樣就能把我們抓回去！

如果您不住在蜂場附近，或是無法每日查蜂，給您幾個建議，以避免因為分蜂而失去太多蜜蜂。

請在蜂箱後頭不遠處，放置幾個收蜂籠（刷上老蜂蠟以及蜂膠氣味），放置高度約在2~3公尺高。至少在分蜂期開始前，就將收蜂籠架好（或吊好）。

另一種收回分蜂群的方式是置放小型誘蜂箱。如果箱子是新的，我建議您在蜂箱內側以蜂蠟和蜂膠擦塗，染上味道。另外也可以使用百里香、香蜂草或是檸檬香茅來引蜂。接著放入一框無蜜的巢脾。若是初學者，可以選擇放已經黏好巢礎的巢框。

將準備好的誘蜂箱放在離蜂場幾公尺遠的地方，最好是有樹蔭稍微遮掩處，可以直接放在地上，或是稍微高一點的地方。

也可以用木箱或是厚紙板桶子（裝洗衣粉的那種）來收蜂，記得在裡面放個舊蜂巢，好增加吸引力。

將其放置在蜂場裡稍微高一點的地方。

回收分蜂群的必要工具：
梯子｜園藝整枝剪刀｜一把鋸子｜
一大塊白布｜燻煙器

當我們將分蜂群重新導入蜂箱時，若它是次要分蜂群，則其蜂量會日益減少。若是原生分蜂群，假使在導入後的幾日內蜂王便開始產卵，那要等3~4星期之後，才能見到新蜂誕生出房。

收捕分蜂群

根據地區的不同，分蜂期約介於5~7月之間。將分蜂群收捕回來，是簡單又不費力的增加蜂群數量的方式，不是嗎？如果您住在鄉間，那您收蜂的機率將大大增加；不過，別忘了，您將回收的蜂群不是暫棲在地上，就是掛在樹梢上。

如果您沒有收蜂箱（您遲早都要有），其實可以趁機製作一個。您必須依照您蜂場使用的蜂箱形式來製作，以寬度來說，收蜂箱等同於正常蜂箱的一半寬度。

請以金屬快開扣環(A)來扣住箱蓋(a)與箱底(b)。

收蜂箱材質求輕，可以使用三夾板製作即可。

請在收蜂箱外壁安裝一個通風設備（食品儲存櫃沙網之類的材質），上面釘綁上兩條橡皮筋，在將分蜂群導入收蜂箱時，便可以插入一片厚紙板：讓收蜂箱內部一片黑暗。

使用金屬快開扣環，可以快速拆卸箱蓋(a)或箱底(b)：這取決於收蜂時是從收蜂箱的上面還是下面進行。

好啦，蜂群被抖到收蜂箱裡，可以蓋箱蓋了。如果您沒有要立即將蜂群引入正式的蜂箱裡，請將收蜂箱暫放在樹陰或是有遮陰的地方。

此時分蜂群會黏抓在收蜂箱的箱蓋上，將整群蜂移到正式蜂箱上端，然後快速用力將分蜂群震落到正式蜂箱裡。

有兩種方法可將蜂群導入正式蜂箱。第一種：移除正式蜂箱中央的幾支巢框，輕輕地解開收蜂箱的金屬快開扣環，然後將箱蓋往上提……

第二種將蜂群導入正式蜂箱的方法效率較慢，不過看來很壯觀：在正式蜂箱前鋪上一塊白布，然後將蜂團震落於布上。慢慢地，蜜蜂會朝蜂箱移動，並且入住。仔細觀察，說不定有機會在茫茫蜂海之中看到蜂王。

你有瞄到蜂王在哪嗎？

擴大蜂群數

這個方法很簡單，特別適用於初學者，或是沒太多時間照顧蜜蜂的假日養蜂人，能讓他們在不冒太多風險的同時擴大蜂群數。此法即是將一箱蜂（10框）一分為二：蜜蜂數量、子脾、蜜脾與粉脾都均分為兩箱。最佳的實行時間是春天，選個充滿陽光的日子，這時的蜜蜂數量中等，而雄蜂也剛剛誕生。

實踐這種分蜂法的時刻到了！請事先準備兩個空的小蜂箱（各可裝5~6支巢框）。

小心翼翼地，自原始蜂箱抽出5支巢框（每次一支），輕輕地將它們置入其中一個小蜂箱裡。連同蜜蜂置入時，請依照原本的排列順序，但也須因應當下情勢而隨時應變（比如萬一有子脾位在邊緣地帶）。

將原來的蜂箱往後移一點，改放兩個小蜂箱。如果無法移動原來的蜂箱，那就將小蜂箱放在它前面。別忘了噴兩下燻煙，讓蜜蜂有心理準備。

移箱完成後，以一塊布或是帶紗網的副蓋，覆蓋在小蜂箱上。接著以同樣手法完成第二個小蜂箱的移箱作業。

白天出去採蜜的工蜂，將會飛回留在原地的失王群小蜂箱。24小時之後，此失王群的工蜂會開始建造一或多個天然王臺。如果您讓事情自然發生，即便有多隻處女王同時出生，最終也只會剩下一隻（通常是最好的那隻）。如果您選擇在王臺出現後的幾天插手干預，請除去多餘王臺，只留下一或兩個狀態最好者。

如果您沒耐心一直等到新的蜂王開始產卵（時間有可能拉得相當長），您也可以介入一隻在蜂具專賣店買來的蜂王（請參照第154頁〈介王作業〉）。此種作法也可同時替您的蜜蜂進行「換血」，以達到品種改良的目的。

如果原始蜂箱的群勢很旺，您也可以依照前述的方法將蜂群拆分為三個小蜂箱，不過請依照以下方式來分配巢框：第一個小蜂箱：從原箱取出包括子脾、蜜脾與粉脾在內的4框，再加上從其他蜂箱取來的1框蜜脾。第二個小蜂箱：從原箱取出包括子脾、蜜脾與粉脾在內的3框，再加上從其他蜂箱取來的2框蜜脾。第三個小蜂箱：從原箱取出包括子脾、蜜脾與粉脾在內的3框，再加上從其他蜂箱取來的2框蜜脾。

分箱後，別忘了飼餵我們。接下來的幾個月內，請在適當時機幫我們換到正常大小的正式蜂箱，也記得加片隔板。

終於忙完了，休息一下吧。記得餵餵小蜜蜂們，也小心別引起盜蜂！

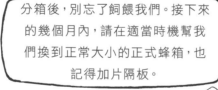

人工分蜂

要讓多個蜂箱都有足夠數量的蜜蜂進駐，或是將蜂群汰新，對某些養蜂人來說會是一個頭痛的問題：因為，向專業蜂具專賣店買「含蜂的巢框」價格高昂，有些人會因此望而怯步。另外，有些蜂農無法在適當的時機擒回自然分蜂群。

人工分蜂有幾種還算好用與可信的作法。我很能理解有些初學者在面對分蜂時，不知所措的心情，因為書上的文字與圖表常令人讀了就怕。且單獨上場與多箱蜜蜂面對面，好不容易讀進去的知識，更可能因慌張而忘掉大半。這裡介紹一個不需太多思索也可以快速執行的人工分蜂法。

可憐的嘉斯東，他已經研讀養蜂手冊兩天了。

喂，怎麼進行呀？

年輕人真沒禮貌……

請準備一個空的蜂箱B，裡頭放入已經黏好巢礎的9支巢框。選一箱裡頭有很多蜜蜂以及子脾的蜂箱A。再選取一個蜂口眾多，且有不同日齡子脾的蜂箱X。

將蜂群過箱至有活動巢框的蜂箱

要將蜂群自老式格子蜂箱（譯註：類似日式重箱）過箱到現代的活動巢框蜂箱，依地區不同，最佳的季節是在4月底到8月之間。請選擇一個陽光普照的日子來進行。該準備的過箱工具可別忘了。(1)鐵橇：用來拆卸老蜂箱以及敲擊箱壁。(2)拔釘鐵鎚。(3)割蜜刀。

(4)水桶：因為在將蜂巢蜜脾割下時，流出的蜜會沾黏在手上。(5)一卷鍍錫鐵線。(6)5或10支巢框（一邊已經繫上鐵線）。(7)過箱用的收蜂箱，以及一片厚紙板(A)：遮光用。(8)蜂刷。(9)一把剪刀。

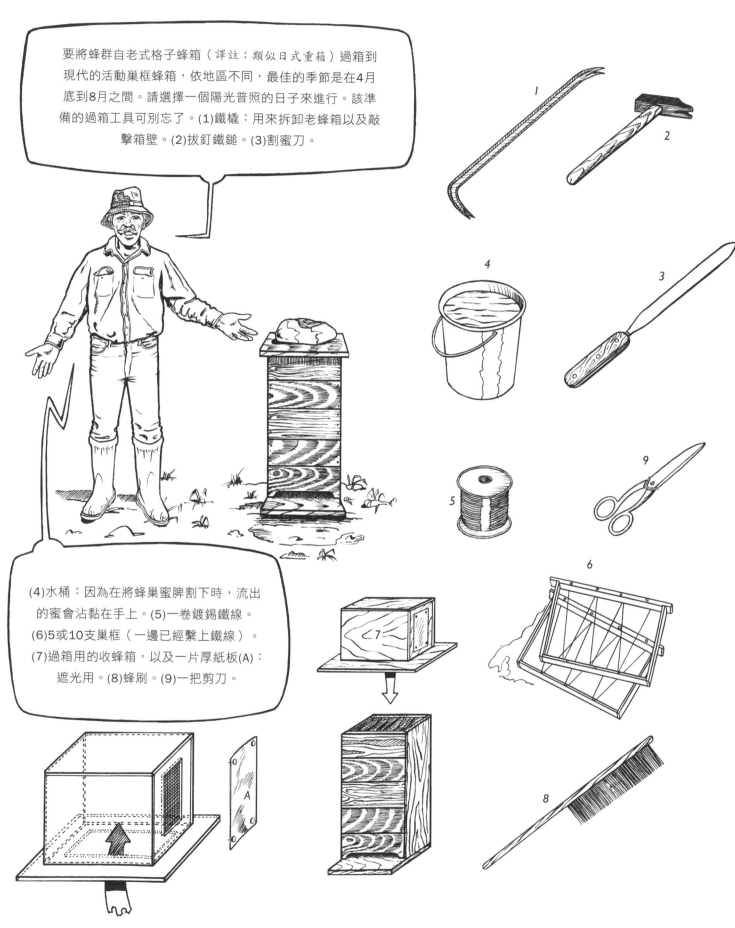

將老式格子蜂箱的箱蓋移開，然後替換上過箱用的收蜂箱(7)。過箱包括兩階段：一，敲擊蜂箱。二，割下蜂巢。

1

敲擊蜂箱：先在老式格子蜂箱的下方出入口噴入燻煙，好讓絕大多數的蜜蜂往上移動到過箱用的收蜂箱。當您觀察到蜜蜂已開始上移，請以鐵橇敲擊格子箱側壁，以再度催促蜜蜂進入收蜂箱。

幾分鐘後，當您稍微揭開收蜂箱觀察，會發現蜂團已經黏附在收蜂箱內部的頂板上。

將蜂群過箱至有活動巢框的蜂箱　　143

這時候，可以取下收蜂箱了，小心地將其放置在陰影處。別忘了拿掉厚紙板以利箱內空氣流通。接著，請拆下老式格子蜂箱的幾塊前箱板。

割下與重組蜂巢：將含有子脾的蜂巢割下，然後正確地安置在巢框裡（蜂巢切口永遠朝上）。接著，同樣手法處理含有粉脾與蜜脾的蜂巢。

培育蜂王

我不打算向您長篇大論解釋所有培育蜂王的技巧，也不打算解說與育王相關的日期推算與計畫，因為這會使初學者暈頭轉向。我現在要來向您推薦的是經過簡化的方式，使您具有汰新蜂群的能力，或是收取蜂王乳供您自用。

以下為自然培育蜂王的四種可能方式：
一，等到分蜂期，再收集自然王臺。二，縮減蜂王產卵的空間，以誘發分蜂。三，在巢箱中放置隔王板以間隔出無王區。四，故意讓蜂群失王，以迫使工蜂培育新蜂王。

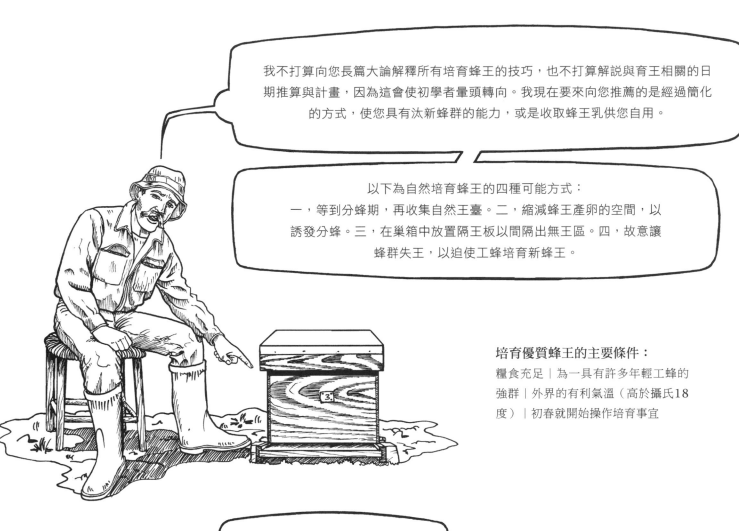

培育優質蜂王的主要條件：

糧食充足｜為一具有許多年輕工蜂的強群｜外界的有利氣溫（高於攝氏18度）｜初春就開始操作培育事宜

這裡所建議的第一個方法既簡單又有創見，是由米勒博士（Dr Miller, 1831~1920）所提出：將一張巢礎切成四個三角形後，藉由蜂蠟將它們黏在巢框裡，做成「育王框」。

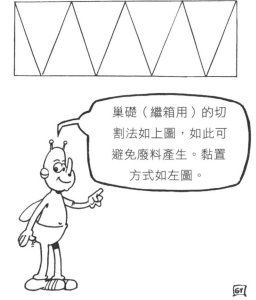

巢礎（繼箱用）的切割法如上圖，如此可避免廢料產生。黏置方式如左圖。

第二種方法解說如下：
先拿一個黏有巢礎的巢框，放入蜂況良好的蜂箱裡。

此時，飼餵也是不可或缺的。

每隔三行，就破壞兩行子脾。

若您的巢框已經充滿了子脾，請將它取出，平放在一張桌子上或木板上（可在您車廂內進行）。拿一根小木棒，每隔三行，就破壞兩行的子脾：可先垂直方向壓毀子脾，再水平方向照做一次（如右上放大圖解）。接著將這個巢框平放在另兩個空的巢框上……

然後將疊好的三個巢框放置在副蓋（塑料或膠合板）上；副蓋中央必須挖出一個與巢框面積相同的洞（如左圖）。然後在最上面放置一個空的繼箱，裡頭再加一塊布，以保持必要的溫度。

以這個極為簡單的方式，您將可獲得足夠數量且漂亮的王臺。

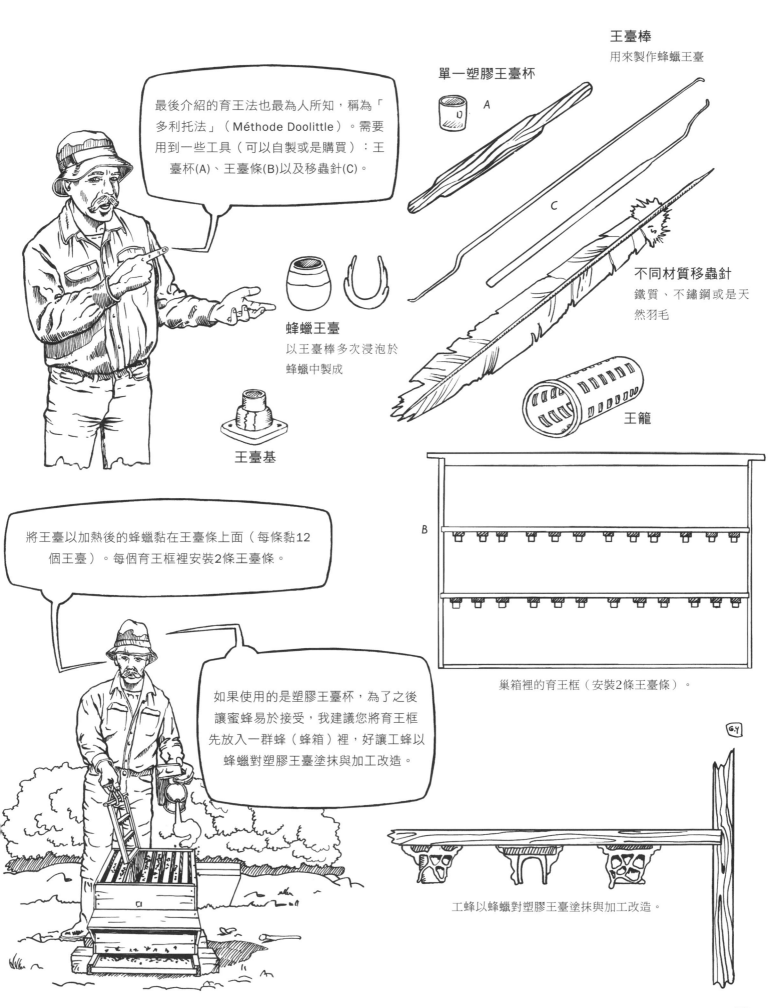

最後介紹的育王法也最為人所知，稱為「多利托法」（Méthode Doolittle）。需要用到一些工具（可以自製或是購買）：王臺杯(A)、王臺條(B)以及移蟲針(C)。

王臺棒
用來製作蜂蠟王臺

單一塑膠王臺杯

A

C

蜂蠟王臺
以王臺棒多次浸泡於蜂蠟中製成

王臺基

不同材質移蟲針
鐵質、不鏽鋼或是天然羽毛

王籠

將王臺以加熱後的蜂蠟黏在王臺條上面（每條黏12個王臺）。每個育王框裡安裝2條王臺條。

B

巢箱裡的育王框（安裝2條王臺條）。

如果使用的是塑膠王臺杯，為了之後讓蜜蜂易於接受，我建議您將育王框先放入一群蜂（蜂箱）裡，好讓工蜂以蜂蠟對塑膠王臺塗抹與加工改造。

工蜂以蜂蠟對塑膠王臺塗抹與加工改造。

一、兩天後，將被蜜蜂改造過且接受的王臺框取出。接著從一箱蜂勢旺盛的巢箱中抽出一框子脾（請將脾上蜜蜂刷掉），找個安靜無干擾的地方進行移蟲手續。氣溫不得低於攝氏20度，但如果整個手續時間拉長的話，也不要在大太陽下進行，以免幼蟲乾縮。

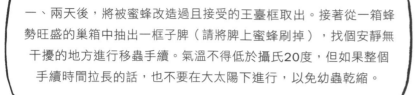

卵　　　　　幼蟲　　　　　蜂蓋子脾

移蟲時，請選鮮卵或是孵化不到24小時的年輕幼蟲。

將巢框子脾面朝您，開始進行移蟲手續。

以移蟲針挑起幼蟲的方式。

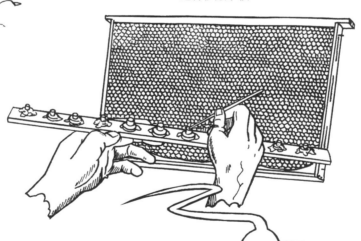

將王臺條平放在桌上或是您的大腿上。小心地將巢框子脾面向您擺好。溫柔地以移蟲針從下方挑起卵或年輕幼蟲，然後依同樣方向將其移至王臺的中央處。如果沒有一次就移蟲成功，請換蟲再次來過。如此類推，將王臺移滿蜂卵或幼蟲。

移蟲時，可以先在王臺裡輕刷一點蜂王乳（不刷也可以）。移蟲的成功與否，其實絕大部分取決於蜂農的手法是否夠靈巧。

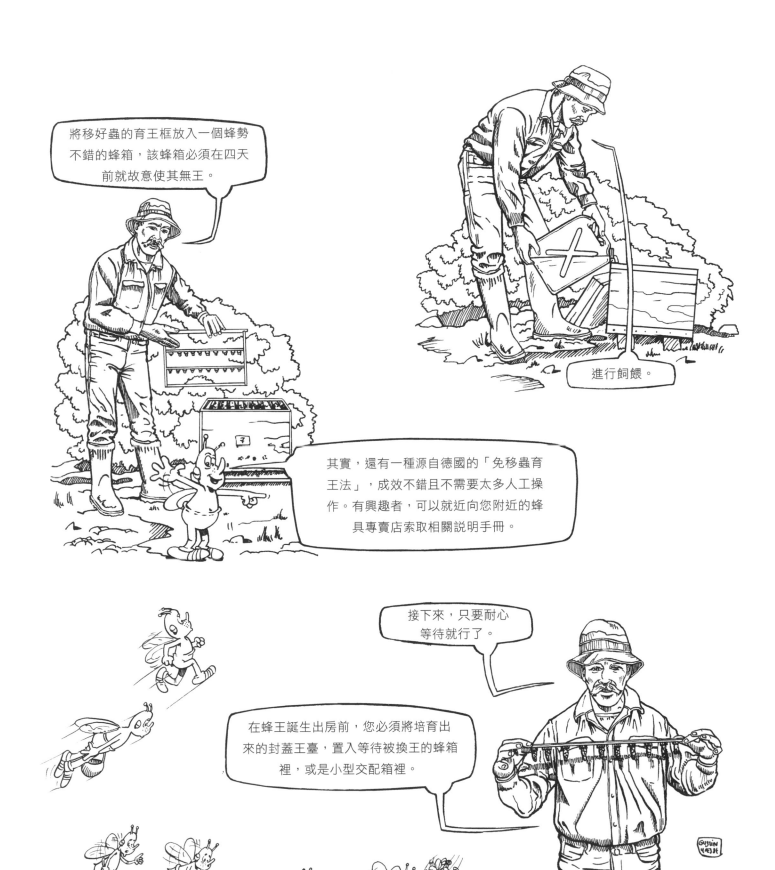

將移好蟲的育王框放入一個蜂勢不錯的蜂箱，該蜂箱必須在四天前就故意使其無王。

進行飼餵。

其實，還有一種源自德國的「免移蟲育王法」，成效不錯且不需要太多人工操作。有興趣者，可以就近向您附近的蜂具專賣店索取相關說明手冊。

接下來，只要耐心等待就行了。

在蜂王誕生出房前，您必須將培育出來的封蓋王臺，置入等待被換王的蜂箱裡，或是小型交配箱裡。

介王作業

三個介入蜂王的好理由：有蜂群失王、您想換王，或是您想試養新蜂種。

您有兩種獲取蜂王的方式：自行培育蜂王，或是您想汰換舊換新蜂群的品系時，可以靠廣告或是口耳相傳取得有效資訊。如果您不喜歡品牌打交道，就要多去打聽消息，找到好口碑、高品質的育王者。

如果您打算購買一隻或多隻蜂王，對方會用這類的王籠(A)寄給您（通常是Benton式王籠）。王籠會因需要之別，被打上3~4個洞，除了方便運輸蜂王，主要是用以提高蜂王在運輸中的存活率。若是小王籠，則會一起「陪嫁」6~10隻工蜂，若是大王籠，則有10~15隻陪嫁蜂。第一個洞裡會填入蜜糖磚，除是糧食，也能擋住出入口。

在您介入蜂王時，我建議就以這種運輸用王籠來進行。不過，介王並無法保證百分之百成功。不管使用何種方式介王，失敗的原因有可能是蜂農手拙、或是蜂王受到驚嚇、噴煙過多、在蜜源缺乏的季節介王，或是天候欠佳等。如果您將蜂王放在手中把玩過久，還有可能會造成「圍王」（譯註：工蜂不接受新王，對其包圍甚至攻擊）。

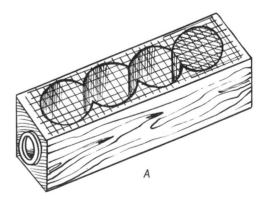

A

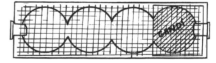

為何圍王？它是如何發生的？

首先，必須知道，您的蜂群失王愈久，介王的失敗率愈高，因為巢內攻擊性最強的就是年老工蜂。相對地，蜂群以及被介王愈年輕，則接受度愈高。如果被介王心生恐懼，甚至因而散發出不尋常的氣味，老工蜂就會上前找蜂王麻煩，並激起老工蜂們的「致命狂熱」。這時蜂王會被激憤的老工蜂包圍，意圖將其悶死或螫死，在毫不留情的攻勢之下，工蜂會將蜂王團團圍住，整個看來像似毛線團一般。如果您看到圍王情節上演，請以燻煙器對圍王蜂團噴煙，或是把整團蜂丟到水裡，讓蜜蜂們散開，好拯救蜂王（如果還來得及）。

進行介王之前，請確認蜂箱內的蜂群正處於失王狀態，裡頭既沒有王臺也沒有工產蜂（譯註：因失王過久而開始產卵的工蜂），否則新蜂王將不會被接受。

如果您單純只是想換王，那以下是簡單又有效的方法：把老蜂王以王籠囚禁後，放回蜂箱直到隔天，之後毀掉老蜂王，再介入新王到已經沾滿老王氣味的王籠裡。

不管使用何種方式介王，都建議在介王之前，將一同陪嫁過來的飼餵蜂先移除。

以下介紹第一個介王方法，這種方法適合自己育王的蜂農。將新蜂王連同王籠一同快速在室溫的水裡浸泡一下，以避免蜂王飛走。將蜂王改囚在一個10×10公分的鐵籠裡，然後將蜂王介入新造子脾的巢框(B)。再將這框替換到無王群的巢箱裡頭。2~3天後就可以放出蜂王；在這段期間內，如果年輕的工蜂會透過鐵籠餵食蜂王，就代表此王已被介入的蜂群所接納。

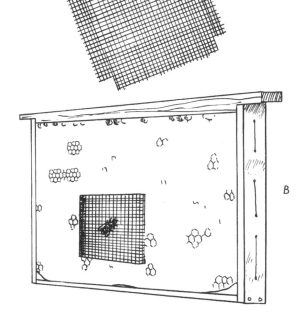

10 CM
10CM

B

第二個方法：將蜂蜜泡水後，噴在巢框、工蜂以及新蜂王身上。工蜂會舔除自己身上的蜜水，也會將新蜂王舔淨，同時也接納了新王。

第三個方法：將蜂蜜泡水後（糖水也行），噴在新蜂王身上，再將她放置在巢框上，工蜂會舔淨蜂王，也因而接受介王。

第四個方法：將麵粉撒在巢框上與正站在巢框上的工蜂們身上，然後將也撒上麵粉的新蜂王放在巢框上。這樣一來，介王基本上都會成功。

第五個方法：將新採收的蜂蜜塗抹在新蜂王身上，再將她置在巢框上頭，工蜂會花一段時間才能將新蜂王舔淨，介王也將因此順利成功。

第六個方法：於晚間揭開箱蓋，先確認蜂群安靜平和。再將新蜂王釋放於副蓋的孔洞附近，她會受到蜂巢氣味吸引，慢慢鑽進蜂箱裡，多數的情況下，新王都會被蜂群接納。

併群作業

對於初學者來說，要他們處置掉弱群，使總蜂群數減少，有時是件很不容易的事情。但是，一箱弱群所需的照顧時間，並不亞於一箱強群，何況前者無法帶來收益。也因此在秋季時，最好將兩個弱群進行併群，因為這個時節要換王已經太遲了。

要將兩群合併於一，有許多不同的方法。這裡僅跟您建議最簡單且快速的方式，因為那些複雜的方法並不保證總能達到所預期的效果。

請選個下午接近傍晚的時刻來併群。燻煙器可以多噴幾下，蜜蜂愈安靜，您工作起來愈順手；燻煙會促使蜜蜂吃更多的蜜，而吃蜜可使蜂群鎮靜。

為提高併群成功率，最好就是併合相鄰兩箱的蜜蜂。如果兩箱都在同一蜂場，但是相隔甚遠，那麼可以於每天傍晚將其中一箱，一點一點地搬近另一箱蜂。如果其中一箱位於另一蜂場裡（超過3公里），那請直接將它搬過來吧。

併群手續其實極為簡單：請將一張事先打了幾個洞的報紙放在其中一群蜂的巢箱上頭，再將另一箱蜂的巢箱疊上去（當然不要連同箱底都一起堆上去）。如此一來，蜜蜂有一整夜時間混合彼此的氣味，好好地認識未來的夥伴。

幾天後，請將兩個巢箱裡閒置無用的巢框拿掉，然後將具有子脾的巢框集中放在下面的巢箱裡頭。

請勿把空的蜂箱閒置在蜂場裡。

不管您採用何種方式併群，千萬不要冒險：請將比較弱的那隻蜂王處理掉，並且把新蜂王介入新併群裡（請參照第152頁〈介王作業〉）。

工蜂生產雄蜂脾

由箱外以及蜂巢內的不同跡象，可以判斷發生了工蜂生產雄蜂脾的現象（譯註：工蜂開始產卵，導致雄蜂子脾過多）。此現象一年四季都可能發生，但尤其好發於冬末或是分蜂後。

可觀察到的主要箱外跡象：
一，蜜蜂在蜂箱起飛板前顯得躁動不安。
二，蜂群發出不規則的振翅聲響。
三，工蜂所採回的花粉量部分減少或完全消失。

可觀察到的主要巢內跡象：
一，當掀開副蓋，噴出第一道燻煙時，蜂群發出嗡隆的哀鳴聲。
二，在巢框裡只看到雄蜂的子脾。

工產（工蜂生產雄蜂脾）發生的三個可能原因：
一，蜂王只產雄蜂卵，因為她年紀過大，儲精囊內的精子耗盡，又或者蜂王受過傷，生病或是天氣太冷。
二，這隻蜂王其實是處女王，從未交配受精過。
三，一隻或多隻工蜂被餵食原本是給蜂王吃的食物，有利其卵巢發育。這些工蜂開始在子脾不規則產卵（有時一個蜂房就下了2~3顆卵），之後出房的就是體型小且不孕的雄蜂。

方法一：以下是兩個換掉這種雄蜂脾蜂箱（無王群蜂箱）的方法。一，帶著蜂箱與一大張白布，到距離蜂場約15~20公尺外的地方。我們將以一個空的蜂箱將這個工蜂異常產卵的蜂箱替換掉。

自一個蜂勢良好的蜂箱裡，取出兩框子脾（各日齡都有，不帶工蜂），將它們置入空的蜂箱中。

用力抖震待換蜂箱的巢框，使蜜蜂們落在白布上（事後，此箱必須移到它處）。落下的工蜂們將回到新蜂箱裡，但身體肥重且失去方向感的工產蜂則無法回去。

用力拍箱（不要拍死或壓死蜜蜂），將還留在舊蜂箱裡的蜜蜂全部拍落在白布上。記得將蜜脾放入新的蜂箱中。工蜂生產得雄蜂脾巢框則以黏好巢礎的巢框替換。

接著必須飼餵新蜂箱的蜂群，好促使工蜂建築新的王臺。有些想節省時間的蜂農，會利用此時機介入一個或多個王臺，或者直接介入新買來的蜂王。

蜂蜜

現在總算要來談談對蜂農和蜜蜂而言,蜂箱裡最重要的蜂產品:蜂蜜。我們將一一檢視以下的議題:蜜源植物、蜂蜜的釀造、蜂蜜的組成,以及不同種類的蜂蜜。

蜂蜜簡史述說從頭

沒有蜜蜂,就無蜂蜜!事實上,蜂蜜之所以存在的唯一原因,就是蜜蜂。舊石器時代的原始人類就已開始向蜜蜂偷取蜂蜜食用(手法有點近似熊族們)——有古老的洞穴壁畫可以證實。根據西元前1,600年的文獻顯示,那時的人類就已經餵食孩童蜂蜜,並以蜂蜜替其治疾。您知道古埃及人,不僅將財物隨身埋入墓中,還將蜂蜜當成隨葬品嗎?

養蜂技術直到古埃及時代才真正開始有所進展。之後,隨著蔗糖來到歐洲,蜂蜜便失去其尊榮地位。在拿破崙掌權時代所發生的大陸封鎖政策,使得甜菜糖的使用量一度竄升。之後,蜂蜜在餐桌上就愈來愈少見了。

我在這裡想順帶一提,開個視窗來分析蜂蜜、蔗糖與甜菜糖之間的差異。

蔗糖與甜菜糖,其實都屬於無法直接被人體吸收的雙醣類蔗糖。而蜂蜜則是由果糖、葡萄糖、維他命、礦物質、微量元素以及多種酶類所組成。蔗糖是死的食物,還是微生物的載體;相對地,蜂蜜是活的食物,它不是微生物的載體,它甚至有殺菌的成分。

蜂蜜從何而來？

讓我們從頭說起。土壤、植物、蜜蜂這三者，再加上陽光以及水這兩項元素，共同構成了一個自然的小工廠。

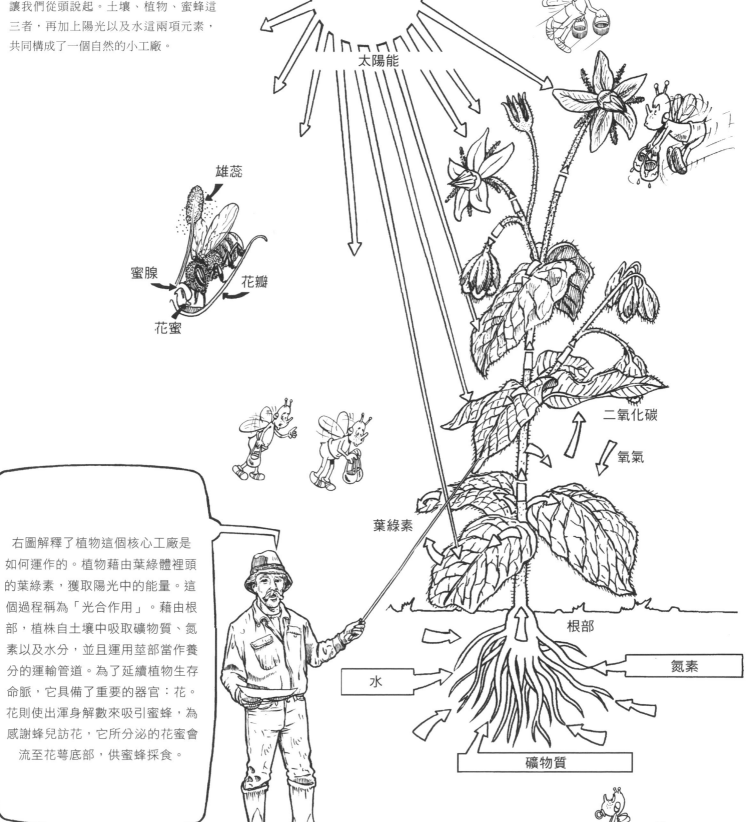

雄蕊

蜜腺　花瓣

花蜜

太陽能

二氧化碳

氧氣

葉綠素

根部

氮素

水

礦物質

右圖解釋了植物這個核心工廠是如何運作的。植物藉由葉綠體裡頭的葉綠素，獲取陽光中的能量。這個過程稱為「光合作用」。藉由根部，植株自土壤中吸取礦物質、氮素以及水分，並且運用莖部當作養分的運輸管道。為了延續植物生存命脈，它具備了重要的器官：花。花則使出渾身解數來吸引蜜蜂，為感謝蜂兒訪花，它所分泌的花蜜會流至花萼底部，供蜜蜂採食。

看好了！這是小蜜蜂的工作實錄。

工蜂發現一朵美麗盛開的花朵。

工蜂停在花朵上，藉由中舌吸取花蜜（此時花蜜含有約50~80%的水分）。當儲蜜囊滿載時，工蜂就飛回巢中。在飛行途中，儲蜜囊中的花蜜就會被蒸發掉50%水分。被濃縮過的花蜜會被與頭部腺體所分泌的液體摻混，再藉由咽部與儲蜜囊之間的來回系統，與不同的酶混合之後，被釀成蜂蜜。

當工蜂回巢後，會藉由肌肉的收縮作用將蜂蜜吐在巢房裡，接著又飛出去採蜜，直到整格巢房（蜜脾）被填滿為止。當蜂蜜的濕度降得夠低（水分介於15~20%之間），工蜂會以一層薄蜂蠟將蜂蜜封蓋。

洋槐蜜	油菜花蜜	驢食草蜂蜜	栗樹蜂蜜	白花三葉草與紫花苜蓿
5~6月	5~6月	6月	6~7月	6~7月
液態	密實	綿密	扎實	綿密
淺亮	淺黃	白色	深色	白色

蜜源植物開花時期　　　　　蜂蜜的質地　　　　　蜜色

我們已經品嚐過蜂蜜了，現在來談談甘露蜜（Miellat）或森林蜜（Miel des Forêts）。甘露蜜的特點是它並非採自花蜜所釀造。蚜蟲或介殼蟲會以口器刺穿植物外皮組織，以吸取植物內甜汁。蚜蟲吃甜美汁液時常常猛吃暴食，吃進去的量可以等同於自身體重。一時吃太多，牠又無法消化時，就會收縮腸道肌肉，將甜汁排出成一大滴甜液（植物汁液在蚜蟲體內已經過某些轉化），即為所謂的「甘露」。這滴甜液最後會滴落（蚜蟲有時會用腳協助排出）在葉片或是樹木（如冷杉、橡樹、槭樹、松樹或是雲杉等）的針葉上。工蜂這時就可以採集蚜蟲所散布的幾千滴甘露來釀製甘露蜜。蜜蜂雖可以把甘露蜜當作糧食，但不建議當作她們越冬時的存糧，否則她們可能會下痢。

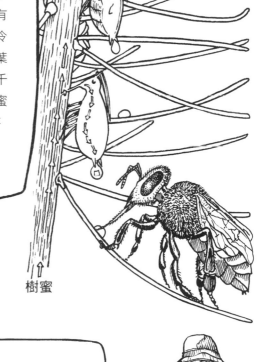

樹蜜

這些是主要的蜜源植物。

椴樹蜂蜜	向日葵蜂蜜	薰衣草蜂蜜	冷杉甘露蜜	歐石楠蜂蜜
✿ 7月	✿ 7~8月	✿ 7~8月	✿ 夏季	✿ 9~10月
▢ 膏狀	▢ 硬實	▢ 綿稠	▢ 液態	▢ 黏稠
△ 白色	△ 金黃色	△ 金黃色	△ 黑色	△ 紅棕色

下方告示牌方便您了解蜂蜜的組成以及其主要功效。以下資訊僅是參考值，實際成分會依據地區以及所採的蜜源植物而有所差異。

在介紹蜂蜜的不同包裝之前，先閒聊一下，目前有法國蜂農宣稱發明了管狀包裝的蜂蜜。這是個有意思的想法，但並不算創新。因為事實上，在五零年代左右，美國賓州切斯特縣的John F. Hawkins先生就有銷售管裝的蜂蜜了。

蜂蜜的組成

水分18%｜糖類 78%（葡萄糖、果糖，以及1~2%的蔗糖）
礦物質｜微量元素｜維他命 B1, B2, B3｜各種消化酶

蜂蜜的功效

補充能量｜增強活力｜滋補｜抗菌｜補充鈣質
依據所採蜜源之不同，每種蜂蜜各有其獨特的特性。

自上世紀初期起，蜂蜜的包裝已經有相當大的轉變：當時結晶蜜是以一個大團塊的方式展示，然後依據客戶需求量，以鋼線來將蜂蜜切塊，接著以烘焙紙來包裝蜜塊。

不知道您是否與我一樣：當我握有一罐蜂蜜在手中時，我就忍不著要開來嚐嚐看。噢，差點忘了提醒，不要將蜂蜜儲存在高溫的地方，否則它可能會發酵。

時至今日，蜂蜜的包裝也隨著環保議題而有所演變。您在市面上買蜜時，會遇到的包裝有玻璃罐、塑膠罐以及以石蠟處理過的厚紙板包裝盒。基本上需有一個可以密封的蓋子，有些還有漂亮壓花以吸引消費者，各種的包裝資材都可以在專業蜂具店找到。

如果您想長期保存蜂蜜的話，請將它保存在常溫攝氏14度。如果您比較喜歡液態蜂蜜，可以用隔水加熱的方式將其融化，但請小心，水不能達到沸騰！（標準是，當您以手指測水溫時，不會感覺燙。）

如何銷售蜂蜜？

您正以搖蜜機將蜂蜜分離出來……當您幾年前開始養蜂時，或許沒想到幾年後蜂群數會擴大那麼多。一直以來，您收的蜜非常受到親朋好友歡迎，隨著產量每年上升，您現在應該要思考一下儲存的問題。

首先，我建議您將蜂蜜全部裝瓶，也可送幾罐給朋友或鄰居。尤其不要忘了送幾公斤蜂蜜給當初好心讓您擺放蜂箱的地主。

他應該會不小心滴下幾滴蜜吧！

如果您採收了相當大量的蜂蜜，您一定也累積了非常多的蜂蠟巢脾，要如何處理呢？

如果您沒有時間或是設備，能將蠟脾融化，我建議您將它們清理一下、讓蜜蜂舔走殘蜜、然後以塑膠袋裝起，帶到您平常光顧的蜂具專賣店。他們通常的作法是融蠟後，讓您換走部分的蜂蠟磚或是蜂蠟巢礎。當然，您也可以自己融蠟，然後將蜂蠟磚帶給蜂具店、蜂蜜合作社或是養蜂協會。

然後，帶走氣味好聞的巢礎片。

請參照和巢礎相關的章節。

小心呀，快倒下來了！

蜂蜜酒的釀造

蜂蜜酒（Hydromel）是以蜂蜜為基底釀成的酒精飲料，古早的時候相當受到歡迎。如今，知道蜂蜜酒的人不多了，主要是因市面上可買到的飲料實在太多。蜂蜜酒有許多種類，有些以人工選育酵母釀成，有些則加入花粉釀造（加入果汁例如葡萄汁去釀造的，則不能進行商業銷售）。其味道會因所加入的是葡萄汁、黑醋栗汁或是紅醋栗汁而有所不同。各家配方不太相同，不過，比例通常是10公升水，加2.6公斤蜂蜜，再加上六分之一果汁。我個人喜歡的配方是「7公升水+4.5公斤蜜+1/6葡萄汁」（約是在40公升的橡木桶裡，需加入7公升的葡萄汁）。若您是第一次嘗試，我建議您以成熟的葡萄來少量釀製「蜂蜜葡萄酒」。只有在最終品嚐成品後，您才有辦法決定是否要改進配方，還是保留原比例。

首先，必須採收您自己耕作的或是朋友種的葡萄。當然，用市場上買來的也可以。

將葡萄壓碎破皮，使其開始發酵。

趁葡萄汁發酵時，可以翻翻養蜂雜誌吸收最新養蜂技術。

當果汁發酵完成後，將10公升水倒入一桶子裡，2.6
公斤的蜂蜜則倒入另一桶裡（此為傳統比例配方）。
我則是使用7公升水調入4.5公斤蜂蜜。如果可能，請
用山泉水或是礦泉水。經過幾次釀造經驗後，您可以
自行決定您所需的最佳比列配方。

將蜂蜜與水的混合液，以攝氏75度加熱
15分鐘，以減除微生物和細菌。接著讓溫
度下降到攝氏20度。

在開始釀造之前，請將橡木桶徹底
地清潔與沖洗乾淨。

搖晃橡木桶，好讓蜜水以及葡萄汁混合均勻，讓
它發酵幾天，然後添入與之前相同比例的蜜水
混調液，再重複程序，直到整個橡木桶被填滿為
止。請當心，因為發酵以及蒸發會讓桶內的液體
減少。為避免麻煩，您可以用蜜水填滿桶內的剩
餘空間，或是丟入乾淨的石頭填補空間也行。

接著，將剛完成發酵的葡萄汁
以及蜜水，倒入橡木桶裡。

用蜜水或乾淨的石頭填滿
桶內的剩餘空間。

喂喂，**不可以**偷偷地去品嚐釀造中的蜜酒！這將會影響最終的酒質。有些配方，尤其是摻入「花粉超級酵母」以代替葡萄汁者，可加速釀造程序，一個半月之後就可以品嚐蜂蜜酒了。

我個人會花一年的時間來進行釀造以及培養程序。能在養蜂雜誌找到配方，並實踐蜂蜜酒的釀造，真是令人開心！

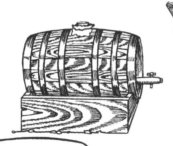

一年終於過了，品嚐時機終於到來。

如果蜜酒的品質讓您滿意，就可以將其裝瓶。別忘了先讓軟木塞膨脹，以利裝瓶。

親愛的蜜蜂朋友們，來嚐嚐我釀的蜂蜜酒吧！我不是釀來賣的，只跟有品味的好友們分享。

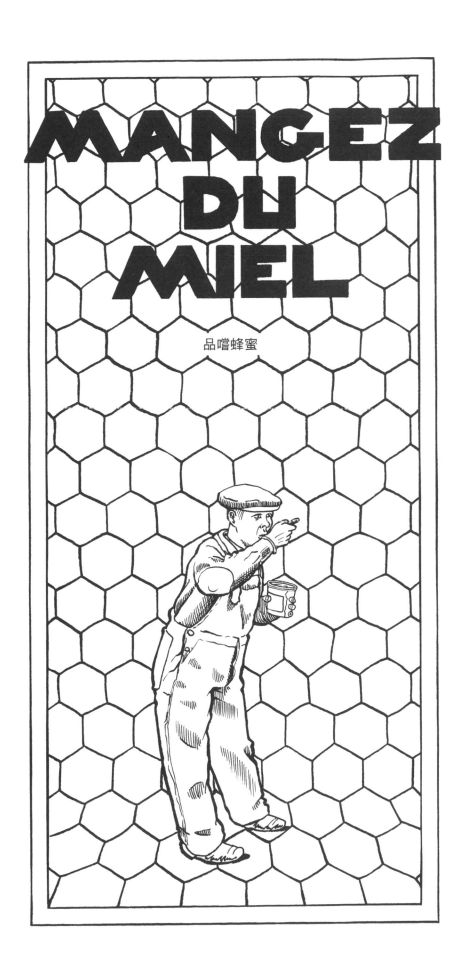

品嚐蜂蜜

蜂花粉

花粉一旦落到柱頭上,就可使花朵受精。花粉粒的外型依粉源植物之不同而產生差異(它可以是圓球形、卵球形、立方體或是長條形等等)。花粉含有多種維他命(包括B群)、多樣的酵素、糖類、少許脂類、蛋白質、磷酸鈣、氧化鎂、明膠以及蘋果酸。

有些植物如果沒有蜜蜂作嫁,就無法產生果實。植物可分為兩大類:隱花植物和顯花植物。在此,讓我們專注在後者,因前者的器官是隱而不顯的。我們以分別具有雄花和雌花、無法自花授粉的櫻桃樹來舉例,蜜蜂採取雄花花蕊上的花粉粒時,會將花粉掉落在雌花上,協助受精完成。有些品種的櫻桃樹(或其他果樹)無法自花授粉,完全需靠授粉昆蟲(蜜蜂或其他昆蟲)幫忙,才能產出可口的水果。

養蜂不只是為了收蜜,它對植物的授粉有著重大的意義。採蜜工蜂會將花粉從一朵花帶到另一朵,促成花朵受精。花粉對蜜蜂有益,甚至不可或缺,但對某些人而言就不是這麼回事,這些對花粉過敏的人會受「花粉熱」所苦:除了常見的打噴嚏,對於極端過敏者還會誘發氣喘。

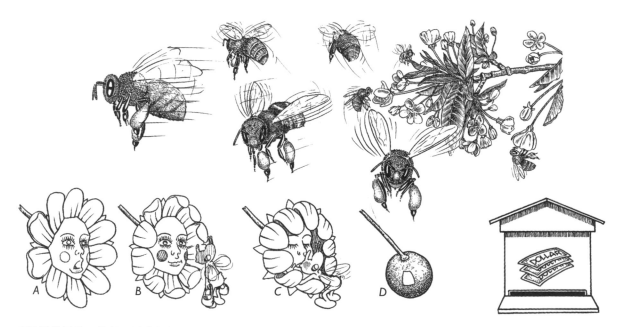

一個5月的早晨,花兒正以花枝招展之姿,吸引一隻工蜂注意(A)。工蜂受到美麗花朵的誘惑來訪,然後帶著滿滿的花粉飛離(B)。您覺得蜜蜂犯了竊盜罪?其實只是交換罷了,因雖蜜蜂帶走用以養育幼蟲所需的花粉(C),相對地,也讓花朵可以結出水果或是雜糧種子(D)。

在澳洲或加拿大的某些國家,農夫常常會付費請蜂農將蜂箱搬來果園或菜園,好替花兒授紛。

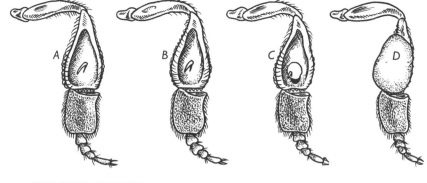

讓我們來分析一下能讓工蜂運送花粉團的後足。後足上半部的形狀就似盛籃，被稱為花粉籃(A)；花粉籃旁邊生有長毛，此為花粉耙(B)。中間還有一個花粉團掛鉤(C)，讓工蜂可將花粉粒壓緊成團(D)。中足有尖刺狀的距(E)，工蜂用它來刮下花粉團。

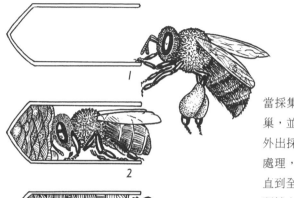

當採集工蜂採足了花粉，她就會飛回蜂巢，並將花粉團卸在巢房裡(1)，接著又外出採集，將儲存工作交給年輕的工蜂處理，後者會將花粉團往巢房底壓實，直到全部填滿為止(2)，最後，還會在上頭補上一層薄蜜(3)，以避免粉脾裡的花粉團發酵。

我們來觀察一下工蜂採集花粉時的足部動作。藉由前足，工蜂可以採收雄蕊上的花粉，之後以尖刺狀的距(D)、花粉刷(A)以及花粉鉗(B)的協同動作，將花粉團放置於後足的花粉籃裡(C)。

為了要讓花粉團成型，她會以花蜜黏合花粉粒，擠壓後，才將成團的花粉放入花粉籃裡。工蜂會一邊飛行，一邊完成上述動作。

花粉是蜜蜂們唯一的
蛋白質來源

以法國為例，蜂勢一般的蜂群，平均一年會吃掉25公斤的花粉；若是蜂量多的強群，則平均可耗掉35公斤。

蜜蜂會採的幾種粉源植物、花粉顏色與季節

榛果樹（黃色）2~3月	醋栗（黃色）4~9月	西洋梨樹（黃色）4~5月	油菜花（黃色）5月	核桃樹（綠色）5~6月	豌豆（黃色）6月
鼠尾草（黃色）5~7月	白蠟樹（黃色）4月	浦公英（橘色）4~5月	歐洲七葉樹（紅色）5~6月	細葉香芹（白色）5~9月	百里香（淡色）6~9月
款冬（黃色）5~7月	荊豆（黃色）4~10月	雛菊（黃色）4~5月	椴樹（黃色）5~6月	山楂花（紅色）5月	栗樹（黃色）7~8月
婆婆納屬植物（綠色）3~5月	金雀花（黃色）4~10月	草莓（黃色）4~9月	黑莓（黃色）5~7月	鱸食草（棕色）5~7月	接骨木（紅色）7月
黃楊木（黃色）3~4月	李樹（黃色）4月	毛茛（黃色）5~6月	鼠尾草（淡色）5~9月	虞美人（黑色）5~7月	三葉草（紅色）6~7月
番紅花（黃色）3月	金錢薄荷（灰色）4月	蘋果樹（黃色）5月	紫花苜蓿（黃色）5~9月	白花歐石楠（淡色）6~9月	牛蒡（白色）7~9月
琉璃苣（淺色）4~10月	櫻桃樹（黃色）4月	洋槐（黃色）5月	羽扇豆（黃色）5~6月	藍薊花（黑色）6~7月	常春藤（黃色）10~11月

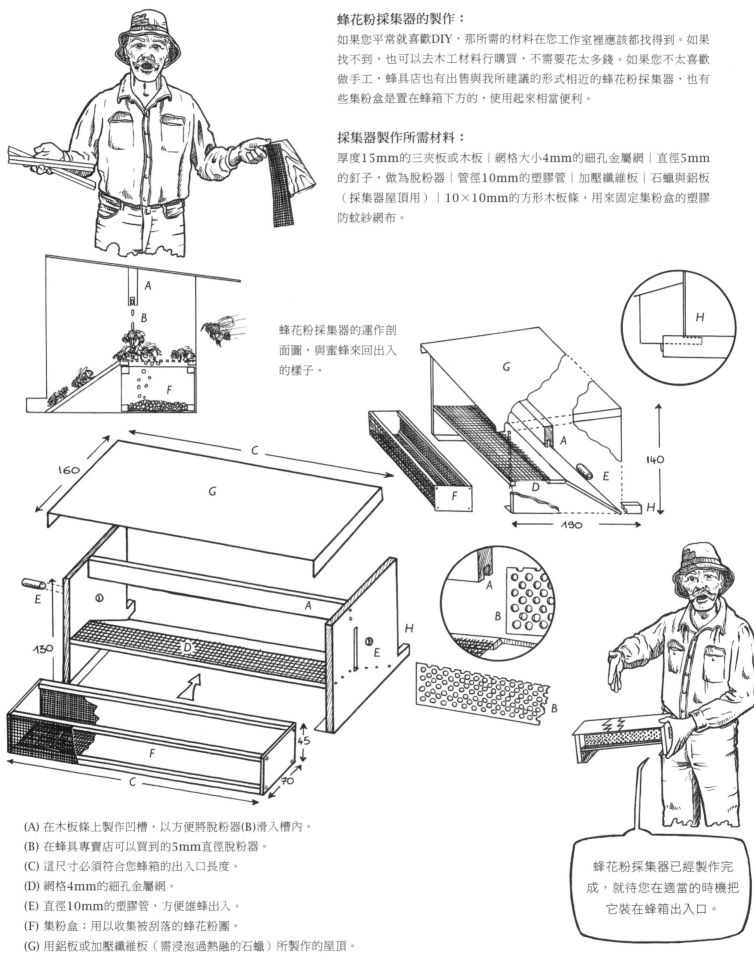

蜂花粉採集器的製作：

如果您平常就喜歡DIY，那所需的材料在您工作室裡應該都找得到。如果找不到，也可以去木工材料行購買，不需要花太多錢。如果您不太喜歡做手工，蜂具店也有出售與我所建議的形式相近的蜂花粉採集器，也有些集粉盒是置在蜂箱下方的，使用起來相當便利。

採集器製作所需材料：

厚度15mm的三夾板或木板｜網格大小4mm的細孔金屬網｜直徑5mm的釘子，做為脫粉器｜管徑10mm的塑膠管｜加壓纖維板｜石蠟與鋁板（採集器屋頂用）｜10×10mm的方形木板條，用來固定集粉盒的塑膠防蚊紗網布。

蜂花粉採集器的運作剖面圖，與蜜蜂來回出入的樣子。

蜂花粉採集器已經製作完成，就待您在適當的時機把它裝在蜂箱出入口。

(A) 在木板條上製作凹槽，以方便將脫粉器(B)滑入槽內。

(B) 在蜂具專賣店可以買到的5mm直徑脫粉器。

(C) 這尺寸必須符合您蜂箱的出入口長度。

(D) 網格4mm的細孔金屬網。

(E) 直徑10mm的塑膠管，方便雄蜂出入。

(F) 集粉盒：用以收集被刮落的蜂花粉團。

(G) 用鋁板或加壓纖維板（需浸泡過熱融的石蠟）所製作的屋頂。

(H) 左右兩條突出的木板條，用以嵌在蜂箱出口的蜜蜂起飛板。

如果外頭花開正盛，採集蜂帶回許多花粉團，您就可以將蜂花粉採集器裝上去。不過若正處大流蜜時期，還是建議避免放置，因為這會干擾工蜂順暢進出。每個蜂箱每年請平均只收取2公斤的花粉就好。

找個您認為適合的日子，於早晨將蜂花粉採集器裝在蜂箱上，傍晚時，就可以抽出集粉盒，好好欣賞這令人賞心悅目、五顏六色的花粉團（別忘了將金屬網格拿開觀察）。

請將集粉盒內的花粉倒在一個容器裡。您可以直接食用鮮採的花粉團。請小心，花粉團裡的水分頗多，放久了會發酵，且導致細菌滋生。

如果您無法趕快吃完，請進行花粉的乾燥處理：將花粉團倒在一張細目紗網上，放進蜂花粉乾燥箱進行乾燥程序（箱子的樣式可以參考下一頁）。

哇，蜂花粉！

製作蜂花粉乾燥箱

相關製作材料：

用以製作框架以及門框的20×20mm的方形木板條，以及製作乾燥紗網抽屜的
10×10mm的方形木板條。｜塑膠防蚊（或防蠅）紗網布。

蜂花粉乾燥箱包括5個紗網抽屜，您必須將花粉團平整地薄鋪一層在上頭。如果天
氣條件不適合這樣的天然風乾方式，則可用有暖風吹送效果的暖氣機(1)加強，但
需調成低暖度模式。請將暖氣機放在離蜂花粉乾燥箱40cm左右的地方。當花粉團
顆粒之間不再彼此沾黏，就表示乾燥手續已經完成。

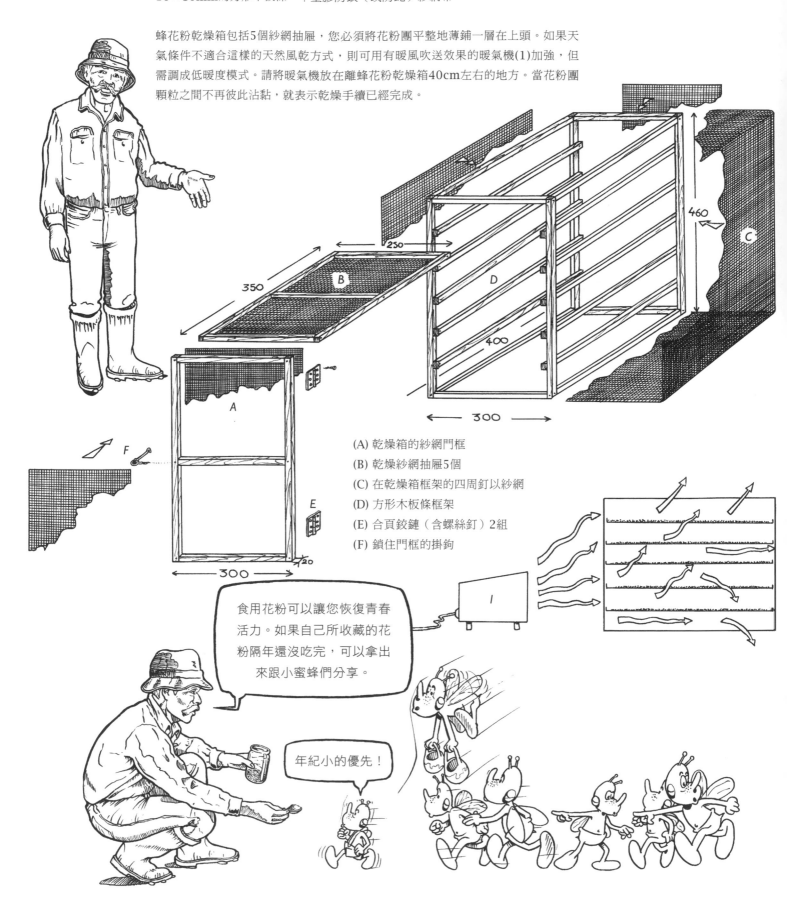

(A) 乾燥箱的紗網門框
(B) 乾燥紗網抽屜5個
(C) 在乾燥箱框架的四周釘以紗網
(D) 方形木板條框架
(E) 合頁鉸鏈（含螺絲釘）2組
(F) 鎖住門框的掛鉤

食用花粉可以讓您恢復青春
活力。如果自己所收藏的花
粉隔年還沒吃完，可以拿出
來跟小蜜蜂們分享。

年紀小的優先！

蜂王乳

我手中握的這一小瓶，是3公克的蜂王乳，它白色帶膠質，味道略酸。蜂王乳是蜂王一生僅吃的食物，也是所有蜜蜂幼蟲在成長到第三天為止的主要食物。工蜂幼蟲在出生後第三天，體型可以長大1,000倍；蜂王幼蟲則在第五天時，可以長大至2,000倍。

在三種情形下，蜂農可以採收到蜂王乳：一，蜂王死亡；二，分蜂（自然或人工）；三，蜂農故意使蜂群失王。當以上三種情形之一發生時，泌蠟工蜂會以裡頭有出生不到48小時幼蟲的蜂房為基礎，開始建造王臺；之後，飼餵蜂會以蜂王乳餵食蜂王幼蟲，直到王臺封蓋為止。

工蜂為何建造王臺？

蜂王的體表能分泌「蜂王質」，年輕的工蜂會前去舐嚐，以感受蜂王的氣味，接著將味道傳達到全部的蜂群。當蜂王質費洛蒙能夠傳布到蜂巢各角落，工蜂就不會建造王臺。相反地，當蜂王質減少或消失，則建造王臺的程序就會被啟動，以換掉機能減退的蜂王或是在失王的狀態下補上新王。值得注意的是，蜂王產卵的速度降低與王臺建造與否並無相關。蜂王的蜂王質與處女王所分泌的費洛蒙並不相同，但只有蜜蜂能夠分辨。

這是5~14日齡的工蜂，她們會以頭部的腺體（下咽喉腺與大顎腺）分泌蜂王乳，也只有這日齡期間的工蜂才能發展出這些腺體。

之後，腺體就開始萎縮。所以也只有這日齡期的工蜂才能擔負飼餵蜂的工作。

(1)下咽喉腺

下咽喉腺位於工蜂頭部兩側，外型就似以500個小腺體形成的一串念珠。

(A) 下咽喉腺發育完全的飼餵蜂頭部。
(B) 脫離飼餵任務的工蜂，其頭部的下咽喉腺已經萎縮。

對業餘養蜂者而言，獲取蜂王乳最簡單的方式，就是等待分蜂期（依年分不同，介於4到6月之間）。於此季節，您可在蜂箱裡找到如圖的美麗王臺。在巡視您的蜂群並判斷王臺的狀態之後，您再決定要移除部分或全部的王臺。王臺裡裝的就是蜂王乳，也是讓人食之有「青春之泉」效用的珍物。

想要獲取更大量蜂王乳的蜂農，就必須使蜂群處於失王狀態：毀掉蜂王或是暫時囚禁蜂王。請注意且謹慎：因當蜜蜂們發現蜂王不見了，泌蠟工蜂就會趕緊築起王臺。為避免此情形發生，請抽出日齡較輕的子脾巢框，放入已事先裝好人工王臺（有蠟質、塑料或木質）的巢框，之後再進行移蟲手續（蜜蜂幼蟲必須是在48小時內出生）；可乾式移蟲，或是在王臺內先沾塗一滴蜂王乳。三天後，就可以取出巢框進行蜂王乳採集，此時的王臺內被填有最大量的蜂王乳。取乳時，可以使用刮刀或是以機器吸取。

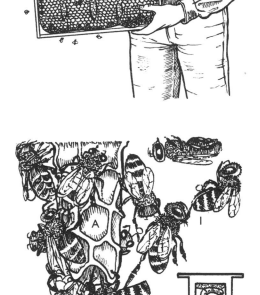

依據您的需要，多放或少放幾個人工王臺，每個王臺約可盛裝200毫克蜂王乳。採收後的蜂王乳必須馬上裝瓶，瓶子必須事先消毒且可密封，之後儲存在無光照、溫度在攝氏0~5度之間。

(A) 王臺與泌蠟工蜂(1)，以及飼餵蜂(2)。
(B) 塑膠王臺以及經過移蟲手續的幼蟲。

靠近一點看！這是蜂王乳的功效與組成。

蜂王乳的功效

振奮精神
恢復青春
滋補強身
調節身體機能
恢復活力
使人愉悅輕快

蜂王乳的組成

70%水，30%乾燥物質，包括：蛋白質、糖類、脂類、微量元素、脂肪酸、維他命（B1, B2, B3, B5, B6, B7, B8, B9, B12, A, C, D, E），以及一些尚未探知的物質。

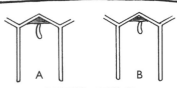

成長到第三天的卵。

第四天：破卵而出的幼蟲。在成長的頭三天，她們都食用蜂王乳。

未來工蜂的幼蟲吃的是蜂蜜、花粉與水的混合物。

未來蜂王幼蟲持續食用蜂王乳。

為了向您證明蜂王乳的絕佳營養價值，我們以兩個蜂房裡的兩隻同樣的幼蟲來舉證。在她們成長的頭三天，同樣被餵食蜂王乳，體重皆由最初而增長了1,000倍。從這階段開始，將成為未來工蜂的幼蟲(A)，其食物的組成變成水、蜂蜜與花粉的混合物。因某些特定因素，幼蟲(B)被選為未來的蜂王候選者，飼餵蜂便會特別照顧，持續大量餵予蜂王乳，蜂房裡的乳層堆積厚度甚至可達1公分。吸收蜂王乳後，這隻未來的蜂王幼蟲得以完整地發育生殖器官，使她在將來能夠一天產出高達2,000顆卵。

蜂王乳的益處還不僅止於此。此珍貴物質還是長壽的保證：夏季工蜂的壽命在4~6星期之間，冬季則有4~6個月。相對地，蜂王平均可以活到4~6年。

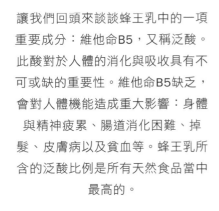

讓我們回頭來談談蜂王乳中的一項重要成分：維他命B5，又稱泛酸。此酸對於人體的消化與吸收具有不可或缺的重要性。維他命B5缺乏，會對人體機能造成重大影響：身體與精神疲累、腸道消化困難、掉髮、皮膚病以及貧血等。蜂王乳所含的泛酸比例是所有天然食品當中最高的。

坊間的食品廠商在實驗室裡研製出不一樣的蜂王乳包裝與用法：安瓿、膠囊、錠劑，甚至還有各種美容用品。

以蜂王乳好好保養您的身體吧！

我也是，我將成為蜂王。

保存蜂王乳的幾點建議：

最理想的是採收後馬上吃完。蜂王乳在純粹狀態下，必須放冰箱保存：在攝氏0~5度之間，可以保存好幾個月。若與蜂蜜混合（125g蜂蜜混合3g蜂王乳），放冰箱，或是保存於溫度不超過攝氏14度且無光照的地方，可以儲放一年又幾個月，然而其營養價值會逐月降低。

蜂蠟

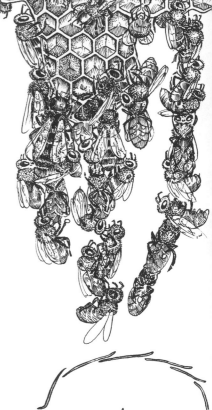

蜂蠟簡史

在古希臘時代,蜂蠟是高貴的天然材料,除被用來製作雕像、神像,以蜂蠟製作的平板也被當作文件書寫桌。

根據希臘神話,伊卡洛斯想要變成飛鳥來逃離迷宮,遂以蜂蠟將自製的翅膀黏在身上,但當他愈飛愈高,高到太陽將蜂蠟融化,翅膀脫落了,於是他便掉落愛琴海淹死。

之後有很長一段時間,自然學家以及哲學家認為蜜蜂築巢的蠟來自植物,此為謬誤!杭特(John Hunter)在詳細觀察後,發現蜜蜂會自行分泌蜂蠟。杜謝(François Xavier Duchet)以及雨伯(Huber François)也有同樣的觀察。

11日齡的工蜂會以其蠟腺(A)開始生產蜂蠟;這泌蠟的勞動只維持十幾天,但會耗去工蜂們相當多的體力。

A

之前存放在塑膠袋或是桶子的蜜蠟(譯註:割蜜時切下的蜂蠟),現在可以好好運用了。

泌蠟工蜂藉由足部來收集自腹部蠟腺分泌出來的蠟質鱗片,稍微整裡後,她會再將蜂蠟交給另一隻工蜂。慢慢地,巢房就被合作修建完成。

當我們講到蜂蠟製作,會想到流程複雜的工廠,其實不然,蜂蠟這個美妙的物質就是由蜜蜂們所製作產出。當工蜂們成長到第11日齡時,就會擁有蠟腺。平均溫度在攝氏36度時,最有利泌蠟。但糧食也扮演極為重要的角色:工蜂必須吃掉7公斤的蜂蜜,才有辦法生產出1公斤的蜂蠟。

如果您擁有大量的蜜蓋，您可以買個蜜蓋融化器。專業蜂具店會販售電熱式與瓦斯加熱等不同機型。如果蜜蓋量不多，也可利用老式的衣物蒸煮桶或類似容器。

把容器放在瓦斯爐上，將蜜蓋與蠟屑放進容器裡，別忘了加水。煮至沸騰以融化蜂蠟，之後靜置冷卻。隨後就可看到蜂蠟變成一整塊。

依據所選擇的方式，融蠟的狀況會像圖A或是圖B。如果您使用圖A的方式，將蠟塊自桶模中取出後，請記得將表面的雜質刮除乾淨。

蜜蓋

水

A

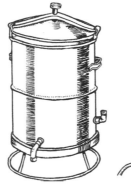

蜜蓋　　蜜蓋

水　　水

B

依據您使用蠟模容量的不同，您將取得250公克、500公克以及1公斤等，不等重的蜂蠟磚。

要獲得自用或用於商業販售的蜂蠟磚，務必採取多次融蠟的方式，好移除所有的雜質。接著將蠟倒入模型裡。蜂具店有種蠟模裡還有蜜蜂或蜂巢的印花，更添蠟磚的美麗。

這個蜂蠟製成的禮品非常受人歡迎：蜂蠟蠟燭。

第一種製作法，快速又簡單：將燭芯以一張蜂蠟巢礎緊緊地推捲成一根蠟燭狀。如果巢礎片太硬，請先在熱源上頭稍微烤軟再捲。第二種方法：以紙板製作一圓形模型(A)，然後在裡頭上層油以方便之後脫模，接著將燭芯穿入紙板中心，然後將先經隔水加熱過的熱融蜂蠟倒入模型中，再將燭芯紙板蓋上模型，待蜂蠟硬固即成。

瞧，兩種不同形式的蜂蠟蠟燭！

這可不是蜂蠟的唯一用途。用以蜂蠟為底製成的木器保養蠟，是保養木質家具和鑲木地板的上上選。製作的配方很簡單，只需要松節油和蜂蠟，混調比例則依最終用途而有所不同。鑲木地板用的蜂蠟木器保養蠟：請先融化500公克的蜂蠟，離火後，加入1公升松節油，混調均勻後，將其於鑲木地板上抹勻，等到完全乾燥後，拿塊軟質布料將地板推亮。您的地板將閃閃發光，不過請小心地滑！

當心呀，滑死我了！我以為他只是拿蠟來保養桌子，結果居然連地板也……老天爺啊……

GUSTIN YUESA

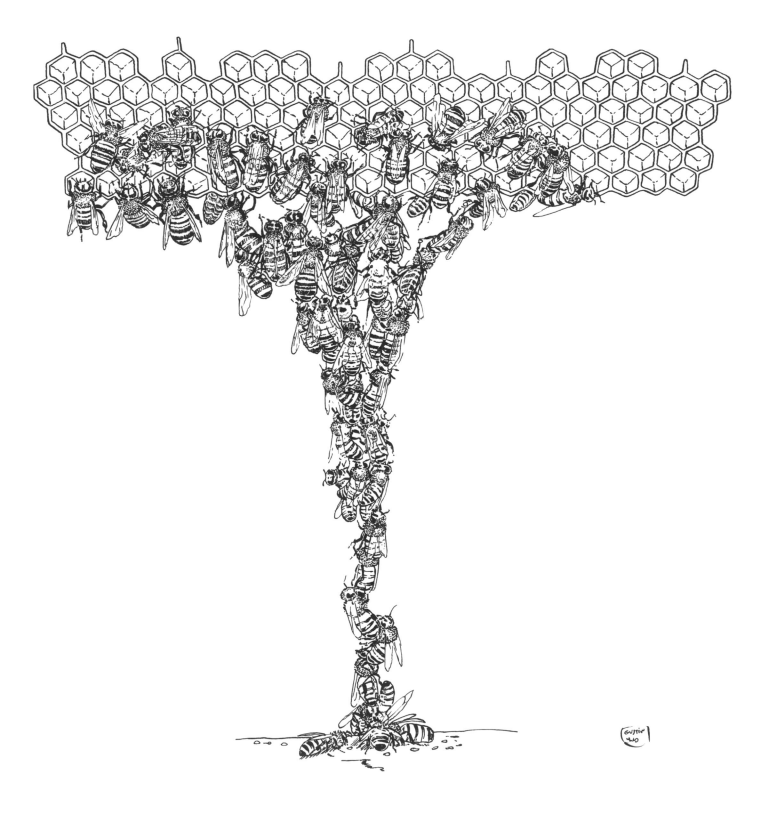

日光曬蠟器

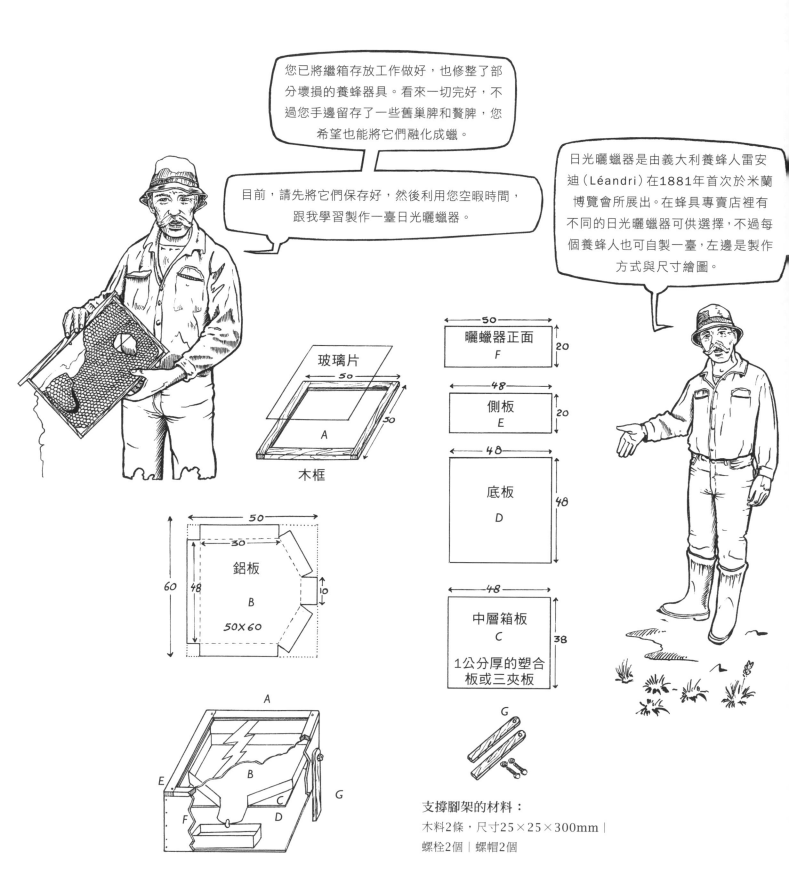

您已將繼箱存放工作做好，也修整了部分壞損的養蜂器具。看來一切完好，不過您手邊留存了一些舊巢脾和贅脾，您希望也能將它們融化成蠟。

目前，請先將它們保存好，然後利用您空暇時間，跟我學習製作一臺日光曬蠟器。

日光曬蠟器是由義大利養蜂人雷安迪（Léandri）在1881年首次於米蘭博覽會所展出。在蜂具專賣店裡有不同的日光曬蠟器可供選擇，不過每個養蜂人也可自製一臺，左邊是製作方式與尺寸繪圖。

玻璃片
50
50
A
木框

50
曬蠟器正面
F
20

48
側板
E
20

48
底板
D
48

48
中層箱板
C
38
1公分厚的塑合板或三夾板

50
30
鋁板
60 48
B
50X60
10

A
B
C
D
E
F
G

G

支撐腳架的材料：
木料2條，尺寸25×25×300mm｜
螺栓2個｜螺帽2個

基本上，日光曬蠟器的使用季節是5~8月，請找日光最強烈的日子來進行，以利融蠟。

融化舊巢脾和贅脾，回收蜂蠟再利用，真是令人欣喜，而且只要利用太陽就可以達成，這種能源人人唾手可得呀！

用過的鋁盒或是裁成一半的牛奶盒，就可以充當集蠟盒。將其放至在集蠟出口下方即可。

咦，他竟然也會生產蜂蠟！

蜂膠

各項蜂產品當中最少被討論的，就屬「蜂膠」了；然而，我們絕不應忽視它。許多蜂農不了解蜂膠的重大益處，往往直接丟棄。許多養蜂人都經歷過在想要掀開副蓋時，發現完全被蜂膠黏住了，難以揭開，還以為是有人用把蜂箱釘死了。雖然蜂膠會構成一些養蜂操作上的麻煩，但無可諱言地，蜂箱裡黏有許多蜂膠其實代表蜂群健康以及運作良好。此外，在移動蜂箱時，緊緊黏住反而比較好。

古時候，埃及人以蜂膠來保存屍體，羅馬人後來也跟進。以前的人還會將蜂膠調成亮光蠟劑，用來保養與保存樂器和其他器具，也可製成塗在植物嫁接傷口上的黏劑，甚至用以治療腳上的雞眼。有些懂得蜂膠益處的農夫，會在破損受傷的牛角上塗以蜂膠，之後牛角便會毫無後遺症地癒合。

蜜蜂會在一天最熱的時刻，在某些植物的樹芽上採集樹膠，帶回蜂巢後混以不同的唾液分泌物，將其改造成為蜂膠。

如左圖所示：蜜蜂(A)發現一株白楊木（或赤揚、角樹、櫟樹等）的樹芽，她會在平時用以裝載花粉的花粉籃裡放置樹膠。這隻採集蜂藉由大顎以及前足採集到樹膠(B)，將其揉整成小團後，才放入花粉籃。當籃子裝滿後就飛回巢內，由內勤蜂(C)幫其卸下樹膠，並加以改造成蜂膠，接著就可用來填補蜂箱裂縫，或利用於加固蜂巢的相關工事上。

好吧，該上工了！

A

B

C

蜜蜂不只在樹芽上採取樹膠以改造成蜂膠；我為了證明這件事，有一天我將蜂框上的蜂蠟等雜物刮下，然後用蜂膠將這些東西捏成一小團，放在一個空蜂箱的箱蓋上。

結果，蜜蜂飛來將我做的小團子弄碎，然後挑出蜂膠帶走了。不到兩天，小團裡的蜂膠已全部被取走！如果您有機會仔細觀察蜜蜂，會發現只要有蜂膠的地方，工蜂無所不採（如老巢框、老蜂箱或是蜂場上的一些碎屑等）。

以前的人說蜜蜂會飛繞在死去養蜂主人的棺材周圍，這其實不是蜜蜂展現對主人的愛，而是覬覦棺材上以蜂膠調成的亮光蠟劑。

蜂膠的組成

樹膠
蜂蠟
花粉
芳香植物的香脂
維他命
抗生素物質

親愛的讀者，由左右兩張告示牌，您會了解到蜂膠的組成與功效。您現在知道我們為何汲汲營營地出去採膠了吧！

蜂膠的功效

幫助傷口癒合
抗菌
抗病毒
消除有害微生物

或許你認為我們應該多花時間去採集花蜜，而不是去採膠。這你就有所不知了，蜂膠真的很好用，是蜂箱裡不可或缺的材料。我們用蜂膠來填補蜂箱隙縫或破洞，補強巢框，甚至用來把巢門縮小。此外，當有不速之客（比如小老鼠）入侵時，我們會用蜂毒殺死牠們，然後以蜂膠塗滿屍體，以免牠分解。

現在來看看蜂農如何採集蜂膠。
方法一：在蜂具專賣店買一個採集蜂膠用的塑膠軟質網墊，將副蓋拿開，再鋪上網墊。當網墊的空洞都被蜜蜂以蜂膠塞滿後，請拿出墊子，放入冷凍庫。隔天取出後，在一乾淨桌面上，將被凍硬的墊子捲起後，蜂膠小塊就會落下，您就可以得到純淨無雜質的蜂膠了。

如何除去黏在手上的蜂膠？
酒精既方便又快速，但是對於皮膚過於刺激。以下提供較為溫和的方式：以葵花籽油搓手，尤其著重在黏有蜂膠塊的地方，再用指甲摳抓幾下後，以肥皂和清水沖洗乾淨即可。

方法二：「巢框刮膠法」。顧名思義，就是刮除巢框上的附著物。不過這個方法有缺點，就是收集到的蜂膠會混到其他雜質，例如木屑等等。

蜂膠的商業銷售受到非常嚴謹的法規管制。如果您真的想要販售，則只能限制於「保養」用途（管制範圍同「蜂蠟」）。

只有經過政府認可的實驗室，才能被授權銷售蜂膠相關產品。

有人在賣蜂膠！我們過去問看看能不能和他交易一下！

給我！全部留給我！

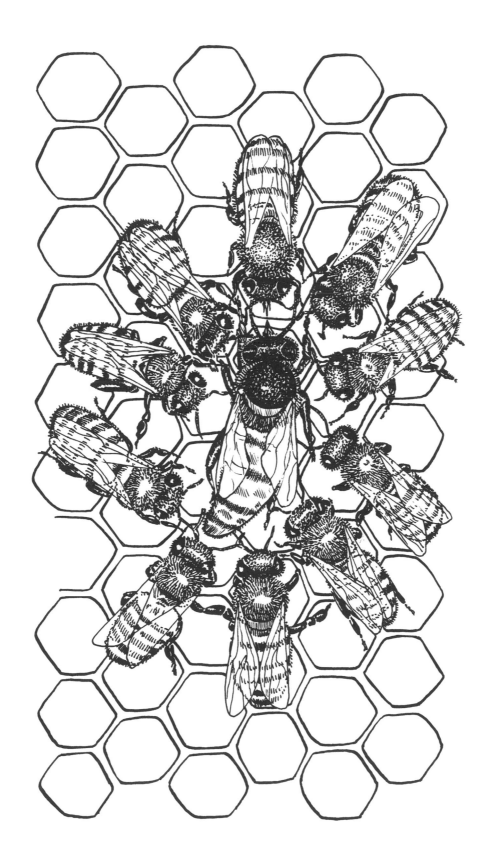

蜜蜂中毒該怎麼辦？

每年，相同的憾事都會上演：蜜蜂遭到毒害死亡，令人惋惜！大宗農作物（尤其是油菜與向日葵）在施灑農藥之後，令整個蜂場的蜜蜂全被毒死的事件時有所聞。雖有不少農夫知道蜜蜂對植物授粉的重要性，但也有不少農夫不知道事情的嚴重性。

並非人人都使用無毒配方的農藥，也常有人未詳讀農藥使用說明書、未按照用藥建議量施藥。當然，也有明理者懂得謹慎用藥。我希望農業顧問們在推薦農藥時，能夠詳加說明，讓消費者對農藥本身有更全面的認識才好。

每年到了特定季節，當您進行每週的例行查蜂時，您驚愕地看到：蜜蜂屍體布滿蜂箱前的起飛板。當下，您可能難以置信，但事實就擺在眼前。怎麼辦？我建議您先不要碰任何東西，先回家再說吧！

還好，我事先準備了防毒面具！

接著，請您打電話給您所在地的衛生單位，跟他們解釋在您蜂場發生的狀況，請他們派人前來調查。如果您的蜂群幾乎全部死光了，則請同時打給國家憲兵*，請他們來作筆錄。

*譯註：法國的國家憲兵（Gendarmes）管轄範圍為市區以外。
臺灣若遇蜜蜂毒害，請找警察局報案。

我希望您從未，將來也不會需要經歷前述的案件申報手續。不過，如果有需要的話，還是建議您事先填寫蜂群健康狀況表，甚至投保！

私有財產遭到剝奪，是件極為令人難過且悲傷的事。蜂群數減半或甚至全部化為烏有，也會對養蜂人的心理造成極大陰影。但是，目前並沒有這類人為災難的預防措施。因此，別忘了每年向動檢處填寫蜂群申報書。也請考慮購買必要的相關保險：如市民責任險、竊盜險（竊蜂近年愈加猖狂）、火災險、蜜蜂死亡險（意外中毒或是人為故意施毒）。

春天來了，大家趕快加緊腳步整理蜂箱，準備採蜜去，不過，要當心有害農藥噢！

蜜蜂的病害

蜜蜂病害種類相當多：有些會攻擊子脾、有些會感染成蜂，有些則兩者都會。我們在這裡僅討論最常見的病害，仍有些未及討論者同樣會在蜂場肆虐。

一個蜂場裡，若蜂箱維護良好，而蜜蜂的健康也獲關心照顧的情形下，因病害而造成全場蜜蜂滅絕的情況其實極少發生。

先是蜜蜂天敵、寄生蟲，現在還有病害，然後呢？要發動核武戰爭了嗎？

大哥，先冷靜一下！

蜜蜂幼蟲病

這種微生物感染會對蜂巢造成多種危害。還分成「美洲幼蟲病」以及「歐洲幼蟲病」。

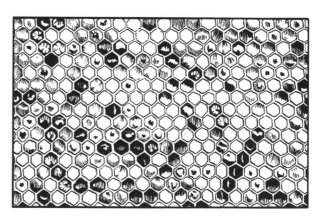

子脾感染幼蟲病的細部放大圖。受感染巢房呈不規則分布，巢房蓋下塌且穿孔。

美洲幼蟲病（又稱幼蟲黏爛病）為傳染力極強的蜂病，致病原是「幼蟲芽孢桿菌」（*Bacillus larvae*），它會攻擊不同發育階段的子脾。染病的特徵很容易判別：生病巢房呈四散分布，已封蓋的子脾巢房有破洞，或是因工蜂想要將病死幼蟲拉出巢房時，又將巢房蓋咬開。受感染的子脾會發出近似臭膠的氣味。幼蟲會變得稠爛，取出時，會呈現黏稠拉絲狀。主要感染途徑是蜜蜂食用了受幼蟲芽孢桿菌感染的蜂蜜。

我生病了⋯⋯

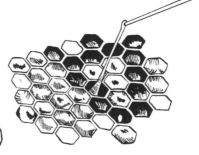

以小棒挑動受幼蟲病感染的幼蟲，可挑出黏絲狀物。

歐洲幼蟲病的致病菌，除主要的「鍊球狀細菌」（*Melissococcus pluton*）之外，參與其中的細菌還有*Steptococcus apis*、*Bacillus alvei*、*acillus orpheus*與*Bacillus eurydice*。被此病侵襲的幼蟲首先變得透明，隨著感染愈趨嚴重，其體色會變黃，再變黑褐。此外，幼蟲也無法黏附於巢房底，且會發出腐敗味。相對於美洲幼蟲病，在挑起歐洲幼蟲病的蟲體時，不會有黏絲狀態。歐洲幼蟲病的危害小於美洲幼蟲病。

我覺得全身不太舒服……

黑蜂病（麻痺病）

此傳染病的發生，起因於蜂蜜或是甘露蜜的蜜源品質欠佳，再加上病毒聯手作祟；病毒主要增生處是腸道以及神經組織。此病常常發生於春季以及夏初，此時正是森林蜜源的大流蜜時期，因而也被稱為「森林病」。黑蜂病會讓出生的蜜蜂體小身黑，出現肢體不尋常抖動，最終導致麻痺與死亡。對抗黑蜂病最簡單的方式就是轉移蜂場，以獲取較佳的蜜源。

五月病

「五月病」基本上不算病害，比較像是部分花蜜與花粉（如毛茛花、椴花與栗樹花）所導致的食物中毒。這中毒現象主要觸及的是15日齡以下的工蜂，因她們所吃下，以及負責餵給幼蟲的花粉總量相當大。中毒的蜂會在蜂箱前的地面爬行，無法飛行，接著開始出現麻痺症狀，然後死亡，死亡時腹部仍飽脹，塞著許多花粉。其實，只要同時有其他蜜源植物可以採集，部分植物的毒性就被會被抵消。五月病只是花粉攝取量以及開花季節的問題。例如，當浦公英開出第一批花時，她們便會捨棄毛茛花，改採浦公英去了。患上五月病的蜂群的群勢會減弱，但還不至於滅群。

真是太好了，蜜蜂殯葬業又要開始活絡了！

有送什麼好康的？

又是個騙錢的！

靠過來，靠過來，親愛的蜜蜂市民，這罐是可以治百病的神奇魔藥！

LE MIRACLE

蜜蜂微粒子病

此傳染病是由「蜜蜂微粒子」（*Nosema apis*）這種真菌所造成的，會寄生於蜜蜂腸道。蜜蜂微粒子病藉由病蜂排泄物裡的孢子來擴大傳染，甚至會感染到蜂蜜、花粉以及蜂蠟。此外，整個蜂場都有可能因為盜蜂發生時，某箱蜜蜂採盜病弱群蜂箱的蜂蜜，而導致此病傳布全場。

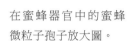

在蜜蜂器官中的蜜蜂
微粒子孢子放大圖。

春季是蜜蜂微粒子病的好發期，將導致蜜蜂大量死亡。不少人會將此病與五月病搞混，因為外在的病徵相同（蜜蜂肢體麻痺，在地上爬行）。

受蜜蜂微粒子侵害
的病蜂腸道。

黴病

這些是由真菌所引起的感染，以蜜蜂而言，有兩種較為常見的黴病：「黃麴黴病」與「白堊病」。

黃麴黴病的病原是「黃麴黴菌」（*Aspergillus flavus*），此菌不僅感染子脾，也殃及成蜂。子脾遭感染後，可以觀察到幼蟲以及蜂巢內布滿菌絲，且會使幼蟲死亡後變硬石化。巢框裡，可以觀察到整片子脾木乃伊化。成蜂則是經由食物而受到感染：黃麴黴菌首先會侵襲腸道，接著蔓延全身，病蜂無法飛翔，死在蜂箱前。

黃麴黴病導致幼蟲死亡
後呈現木乃伊狀。

白堊病由「蜜蜂球囊菌」（*Ascosphaera apis*）所引發，這種真菌會侵襲子脾，造成幼蟲與蛹死亡。染病死亡的幼蟲屍體在乾枯後呈現質地粗鬆的白堊狀物，故此症也被稱為「石灰質病」。通風良好的蜂箱以及光照良好的蜂場可減少白堊病的發生率。

我故意不在此提及這些病害的治療方式，因實驗室對蜂病的研究成果每年都在更新。如果您有蜂群感染上述所提疾病，請通知您所在地的衛生單位，稱職的衛生專員在診斷後，會給您因應的治療方法。

蜜蜂的寄生蟲害

我們必須承認，寄生蟲這個不太可口的議題有其重要性，因為蜂箱的內部（溫度、濕度以及封閉環境）正適合寄生蟲蓬勃發展。寄生蟲不僅危害子脾，還會危及成蜂，甚至摧毀整群蜜蜂。

以下是三種最常見的寄生蟲

蜂蝨蠅　　武氏蜂盾蟎　　雅氏瓦蟎
（*Braula coeca*）（*Acarapis woodi*）（*Varroa Jacobsoni*）

蜂蝨蠅

蜂蝨蠅成蟲為紅褐色。自腹部下方長出三對足，足上有羽狀毛，使其能夠在行動中的蜜蜂身上輕快敏捷地移動。其體寬約1公釐，肉眼就可以觀察到這種雙翅目昆蟲。我們常可在工蜂的前胸發現蜂蝨蠅的蹤跡，但牠們最愛的宿主其實是蜂王，因為後者可被迫乘載大約三十隻的蜂蝨蠅。當此無翅小蠅數量不多時，蜜蜂們不太加以理會，因為牠們不會對蜜蜂的健康造成直接影響。蜂蝨蠅的食物來源就是工蜂嘴角流下的蜜滴與花粉，或是蜂王嘴角的蜂王乳，一吃完，就縮回巢脾表面活動。

如何對抗蜂蝨蠅？

這裡有個很簡單的方法：在煙燻器裡頭放一小撮菸草，然後在箱底放一張厚紙板（如果已有安裝蜂蟎檢測抽屜也行），然後開始燻蜂。等待一會兒後，將厚紙板抽出，就可看到落在上面的蜂蝨蠅，請拿離蜂箱稍遠一點的地方，將牠們燒掉。為求謹慎，幾天後可重複過程一次。如果平時已有進行預防式除蟎，那遇到蜂蝨蠅肆虐的情形會大大降低。

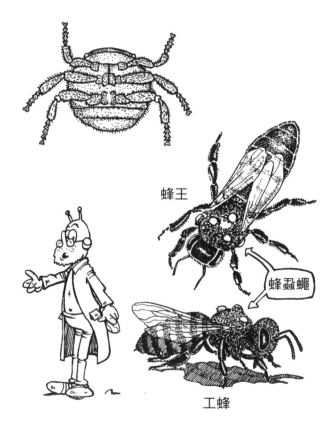

蜂王

蜂蝨蠅

工蜂

武氏蜂盾蟎（氣管蟎）

此蟎造成的蜂病最早被稱為「懷特島病」（Isle of Wight Disease），這是因為1904年時有英國期刊揭露此病於英國懷特島上開始傳布出來。15年之後，一位蘇格蘭的傑出研究員在實驗室中發現此病的致病原其實是寄生蟲：武氏蜂盾蟎。此蟎肉眼看不見，寄生在成蜂的氣管中，造成蜜蜂窒息而死。

武氏蜂盾蟎幼蟲　　武氏蜂盾蟎雄蟲　　武氏蜂盾蟎雌蟲

武氏蜂盾蟎喜愛寄生於9~10日齡的年輕工蜂，由於此病好發期在春季，有些人會將之與五月病混淆。此蟎會在蜜蜂的第一對氣管內成長，且很快就會刺穿氣管，以口器吸食宿主的血液。

此蟎的交配與產卵都在氣管內進行。雌蟎每次約產6顆卵，化蛹成蟲後，又可以繼續繁延後代；牠們的世代生活史僅約15~20天。很快地，蜜蜂的氣管被數量愈來愈多的蟎的排泄物與廢物所阻塞，導致最後窒息而死。

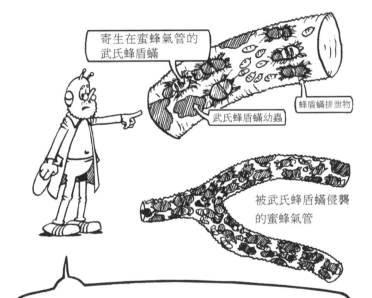

寄生在蜜蜂氣管的武氏蜂盾蟎

蜂盾蟎排泄物

武氏蜂盾蟎幼蟲

被武氏蜂盾蟎侵襲的蜜蜂氣管

武氏蜂盾蟎雄蟎的腹部比雌蟎小，有四對足，第一對帶小鉤，第二與第三對有吸盤，第四對生有長毛。

春天時，若您看到工蜂們無法起飛，紛紛掉落在蜂箱前，這便是蜂場受到武氏蜂盾蟎感染的特徵。

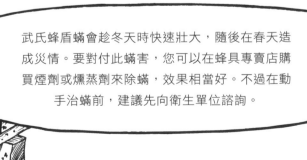

武氏蜂盾蟎會趁冬天時快速壯大，隨後在春天造成災情。要對付此蟎害，您可以在蜂具專賣店購買煙劑或燻蒸劑來除蟎，效果相當好。不過在動手治蟎前，建議先向衛生單位諮詢。

雅氏瓦蟎（蜂蟹蟎）

源自亞洲的雅氏瓦蟎最早是在二十世紀初，由雅可松教授（Edward Jacobson）在爪哇島所發現。蟎害很快地擴散至歐洲、非洲以及南美洲，傳布途徑則是移地養蜂與蜂王的商業寄送。當此蟎來到法國旁鄰國家時，法國蜂農尚無警覺，也未採取任何預防措施。當蜂蟹蟎一來到法國，蜂農們無不驚慌失措、六神無主。早期養蜂業曾提出「強效」但昂貴的治蟎設備，還有養蜂雜誌建議了「速效」的手段，但這些方法依舊讓養蜂人難以抉擇。現在，蟎害已受控制，蜂農也可在蜂具專賣店買到更適用於防蟎的設備和藥品。要建議確切的治蟎程序並不容易，因為牠們隨著殺蟎手法，也仍不斷在演化變強中。

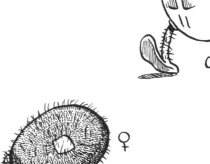

雅氏瓦蟎肉眼可見，有四對足。雌蟎紅棕色，大小約2公釐。雄蟎體色黃白，體型相對小許多。此蟎不僅攻擊幼蟲，也侵襲成蜂，以吸血維生。雌蟎會在子脾封蓋前夕在蜜蜂幼蟲身上產卵。雄雌蟎的交配也在蜂房裡完成。雄蟎卵會在6~7天後孵化，雌蟎卵約在8天後。當年輕的蜜蜂出房後，她的身上常常已經寄生了一或多隻的已受精雌蟎。蜂蟹蟎尤其喜愛雄蜂的子脾。

被雅氏瓦蟎寄生的雄蜂幼蟲。

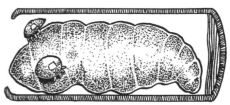

雌蟎在封蓋前夕於幼蟲身上產卵。

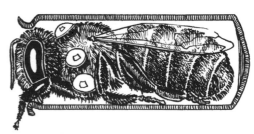

已被蟹蟎寄生的剛出房雄蜂。

雅氏瓦蟎很適應蜂箱中的室溫，不過當溫度超過40度便會死亡。

老天，我只是吹個頭髮，牠就死翹翹了。

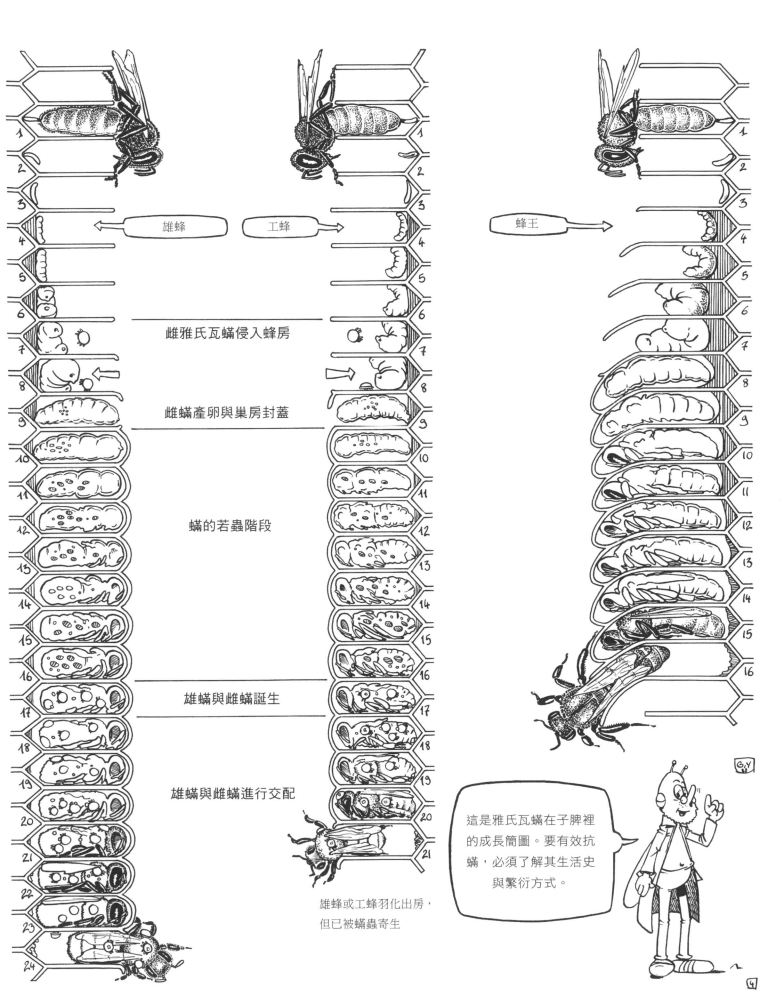

雄蜂　　工蜂　　蜂王

雌雅氏瓦蟎侵入蜂房

雌蟎產卵與巢房封蓋

蟎的若蟲階段

雄蟎與雌蟎誕生

雄蟎與雌蟎進行交配

雄蜂或工蜂羽化出房，
但已被蟎蟲寄生

這是雅氏瓦蟎在子脾裡
的成長簡圖。要有效抗
蟎，必須了解其生活史
與繁衍方式。

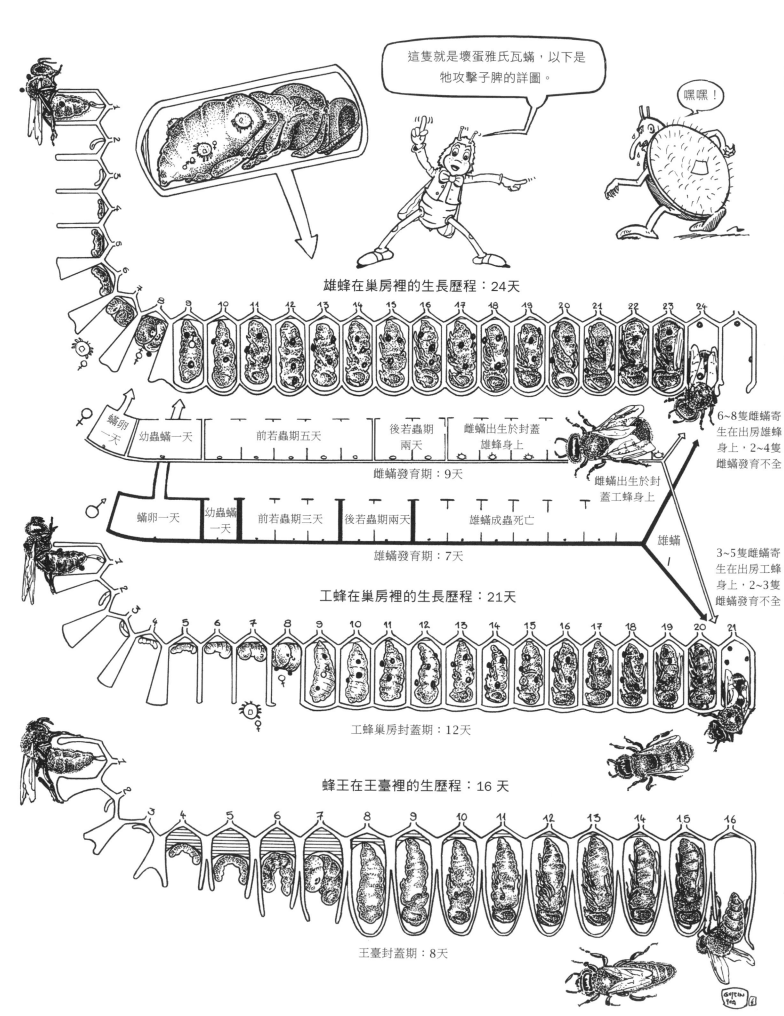

蠟蛾的危害

如果蜂群死亡，您的蜂箱閒置未用，請不要放任不管，否則蜂箱很快會被蠟蛾占據。

列奧姆（Réaumur de René-Antoine Ferchault）是此鱗翅目害蟲的首批觀察者之一，蠟蛾有許多種，主要危害蜜蜂的是大蠟蛾和小蠟蛾。蠟蛾主要趁夜晚侵入蜂箱，弱群是他們的首選。雌蠟蛾通常會在粉脾上產卵，因為蠟蛾幼蟲需食用含氮食物才能吐絲。

只要一隻蠟蛾潛入蜂箱，就可能造成整群蜜蜂滅亡，因為他的繁殖速度極快，一次可產下200顆卵。當蠟蛾繁衍到第二代，數量就有幾千隻，等至第三代就會超越百萬隻。值得注意的是，雌蠟蛾即便未交配，也能產卵。弱群要擺脫這種蛾害，將會非常困難，因為蠟蛾幼蟲會在巢脾上吐絲建造通道以方便通行，還能躲避工蜂的攻擊。

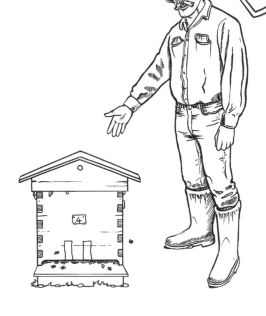

蠟蛾幼蟲

蠟蛾的蛾繭

在檢查巢箱的巢框時，如果您觀察到有絲質通道形成，就可以判定蠟蛾在裡頭建築隧道了。

蠟蛾所產的卵

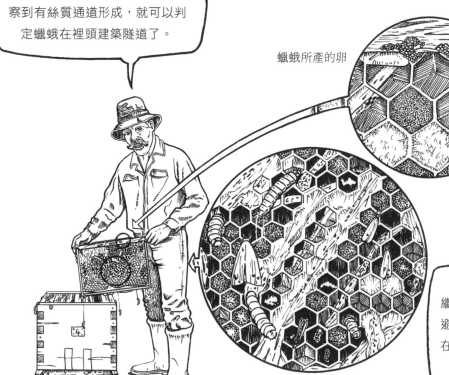

繼箱的巢框同樣無法避免蠟蛾危害，所以在初秋時節，就必須採取防治措施。

如果能在早期就發現蠟蛾占據蜂巢，則必須立即對巢框進行清理。請以割蜜刀割除所有被蠟蛾汙染與威脅到的巢脾。

如果您過遲才發現蠟蛾已選擇您的蜂箱做窩，此時您只剩一個方案可選：將蜂箱、巢框以及巢脾全部以噴槍燒毀。假使蠟蛾在巢框裡蓋築了太多的絲質隧道，那全部的巢框都必須毀掉。

在您掀開蜂箱的箱蓋時，如果在副蓋上看到一隻蠟蛾徘徊，請趕緊捏死牠，以免後患無窮。

擁有強群是對抗蠟蛾危害的最佳方法。無論如何，秋天一到，就應該在蜂箱口安置巢門縮小器，以免蠟蛾潛入蜂箱內做怪。

蠟蛾混蛋，不准進入，給我滾！

蜂箱場址申報表

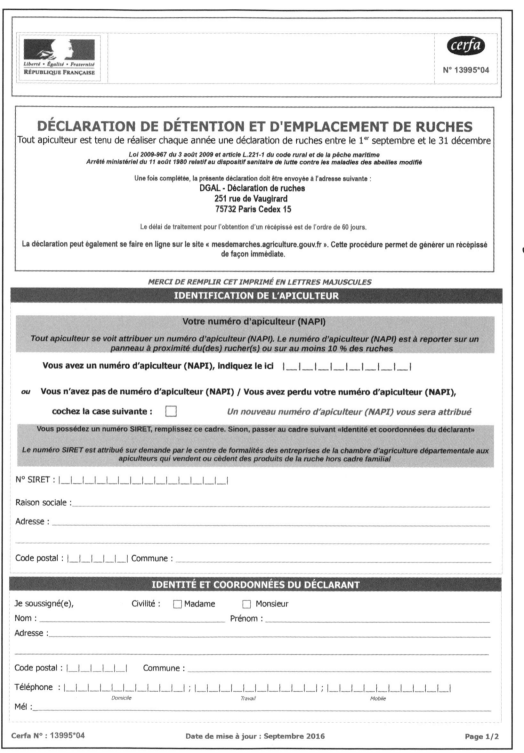

在法國，蜂箱或是蜂場擁有人都必須填寫左方的申報表。填好後，您必須在12月時寄給您所在省分的動檢處相關單位。您將收到該單位回寄的蜂群衛生註冊號碼。您必須將此號碼標註在蜂箱上，並在蜂場裡樹立一個標誌此號碼的立牌。

編註：若您是於臺灣飼養「超過100箱，或預期兩年內達到至少100箱」的職業養蜂者，需至行政院農業委員會申報，以利農保和災害補償。請上網查詢關鍵字「農民從事養蜂事實申報及登錄作業程序」，或至行政院農業委員會主法規查詢系統網站（law.coa.gov.tw/glrsnewsout）。

DÉCLARATION ET SIGNATURE

➢ **Je déclare posséder ce jour, en France, le nombre de colonies d'abeilles suivant :|________________|**

Toutes les colonies d'abeilles sont à déclarer, qu'elles soient en ruches, ruchettes ou ruchettes de fécondation

➢ **Je déclare placer mes colonies d'abeilles sur des emplacements situés sur les communes suivantes :**

Les communes à reporter sont :

- les communes comportant des emplacements occupés au jour de la déclaration

- les communes comportant des emplacements susceptibles d'être utilisés dans l'année qui suit la présente déclaration, si connues

Commune	Code postal

Utilisez autant d'imprimés que nécessaire pour déclarer l'ensemble des communes. Signez chaque formulaire.

Je certifie l'exactitude de l'ensemble des informations fournies dans le présent formulaire

Fait le |__|__|/|__|__|/|__|__|__|__| **Signature :**

MENTIONS LÉGALES

La loi n° 78-17 du 6 janvier 1978 relative à l'informatique, aux fichiers et aux libertés s'applique à ce formulaire. La fourniture des données qu'il contient est obligatoire. La loi vous donne droit d'accès et de rectification pour les données vous concernant, en vous adressant à la direction gestionnaire.

CADRE RÉSERVÉ A L'ADMINISTRATION

Date de gestion: |__|__|/|__|__|/|__|__|__|__| ; **Numéro de récépissé:** ____________________

Numéro d'apiculteur attribué (NAPI) : |__|__|__|__|__|__|__|__|__|

第二頁 → **Cerfa N° : 13995*04** **Date de mise à jour : Septembre 2016** **Page 2/2**

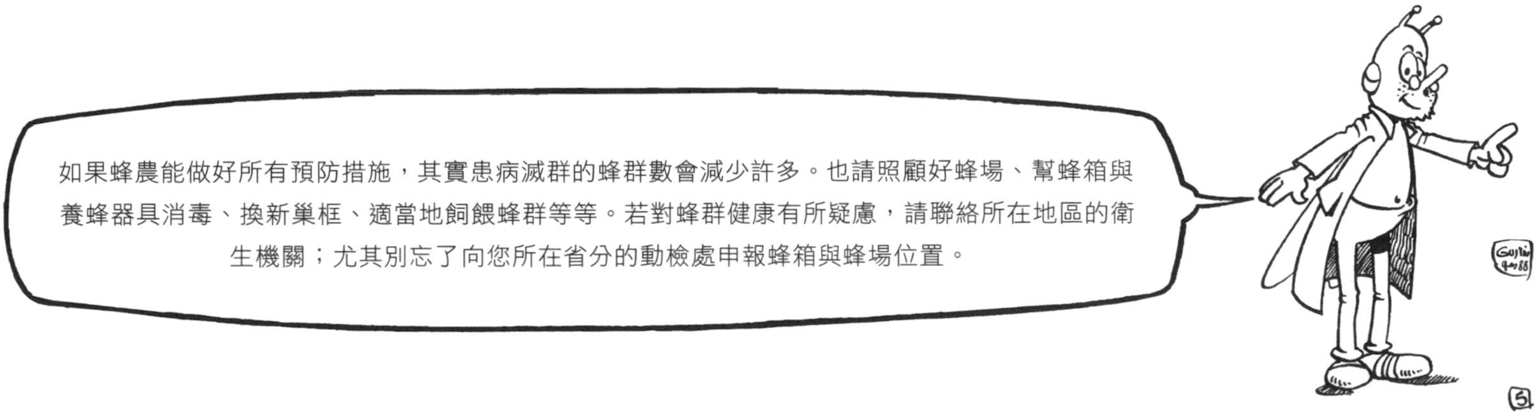
如果蜂農能做好所有預防措施，其實患病滅群的蜂群數會減少許多。也請照顧好蜂場、幫蜂箱與養蜂器具消毒、換新巢框、適當地飼餵蜂群等等。若對蜂群健康有所疑慮，請聯絡所在地區的衛生機關；尤其別忘了向您所在省分的動檢處申報蜂箱與蜂場位置。

專業詞彙匯整

蜜蜂組織

蜂卵：非常微小（1.5公釐長，0.3公釐寬）。產下時，它會垂直地黏在蜂房底部，之後，卵的站立角度每天都會傾斜一點，第四天起我們稱其為幼蟲。

幼蟲：蜜蜂的卵在第四天變成幼蟲，工蜂幼蟲在頭三天被餵食蜂王乳，之後主要是花粉和花蜜的混合糧食。

蜂王：也就是蜂后、女王蜂。她的主要職責就是產卵，萬一無法再勝任此任務，就會被自然或人為汰換掉。

蜂群：一群蜂裡包括蜂王、工蜂與雄蜂。一般而言，一群蜂由4~6萬隻工蜂、1,000~2,000隻雄蜂和一隻蜂王所組成。當您在森林散步時，有可能會觀察到一群蜂就選擇樹洞築巢。

育王群：用以育王的小蜂群。

工蜂：為一群蜂裡頭數量最多的蜜蜂。在採蜜的忙碌季節，她們的壽命約為5~6星期。

飼餵蜂：5~6日齡的工蜂，主要職責在餵食幼蟲。

泌蠟蜂：在擔任飼餵蜂後，14日齡的工蜂會成為泌蠟工蜂。

守衛蜂：擔任過泌蠟蜂後，日齡16~20天的工蜂會開始守衛蜂箱出入口。

採集蜂：工蜂一生中必須擔任不一樣的勤務，約在21日齡左右，她必須出外採花蜜，故名。

搧風工蜂：工蜂在蜂箱出入口以及箱內振動翅膀，擾動輕微的氣流，有助箱內降溫、減少濕氣以及促進空氣流通。

雄蜂：雄性蜜蜂，體型比工蜂大，飛翔的翅音很像熊蜂。主要職責就是讓蜂王受精，夏天過後，就會被工蜂趕出蜂巢。

蜜蜂構造

眼：蜜蜂具有兩個大複眼，以及三個單眼。

腹部：蜜蜂腹部，裡頭具有儲蜜囊、胃、以及工蜂的小腸，蜂王以及雄蜂的生殖器也位於腹部。

翅膀：蜜蜂有兩對附著在胸部的翅膀。

觸角：觸角可說是蜜蜂的雷達，蜜蜂藉之進行溝通、感覺、測量溫濕度以及震動。

螫針：這是蜜蜂的自衛武器，透過螫針，蜜蜂可以在敵人體內注入蜂毒，然而雄蜂沒有螫針。

中舌：蜜蜂需要舌頭才能採取花蜜，因其舌頭長度的關係，她們只能採某些蜜源的花蜜。

大顎：就是蜜蜂口器的「夾子」部分。

花粉刷：蜜蜂足上長有「毛刷」以方便收集花粉粒。

儲蜜囊：提供營養以及轉化的器官，也被稱為「蜜胃」。蜜蜂採取花蜜後，會儲存在儲蜜囊裡，再藉由「咽喉-儲蜜囊」的來回吞吐機制，將花蜜混合澱粉酶，轉變成蜂蜜，蜜蜂再將蜜吐到巢房裡。但蜜蜂也可直接自儲蜜囊吸收蜂蜜提供自己能量所需。

腺體：三個最主要的蜜蜂腺體是唾液腺、蠟腺以及蜂毒腺，如其名稱所示，各有有處。

蜂毒：由蜜蜂的兩個腺體所分泌出的有毒物質，藉由螫針將蜂毒注入敵方體內。

奈氏腺：這是位於蜜蜂腹部上端的腺體，會釋放氣味，是種用於溝通的費洛蒙。

費洛蒙：讓昆蟲之間得以溝通的揮發性物質，蜜蜂的費洛蒙自奈氏腺發出，就像是蜜蜂的國民身分證。

蜜蜂品種

義大利蜂：蜂種之一，相當好養。義大利蜂與歐洲黑蜂的交配種，常常顯得更具攻擊性。

木蜂：木蜂為膜翅目、蜜蜂科，因築巢在木頭中而得名。

蜜蜂感官與行為

嗅覺：蜜蜂最為靈敏的感官。我們在查蜂時可以發覺，過多的汗臭味以及香水味會讓蜜蜂感覺不快，甚至激怒她們。

感覺：蜜蜂擁有不一樣的感官，如方向感、嗅覺、觸覺、視覺與聽覺。此外蜜蜂還有絕佳的記憶以及極好的時間觀念。

振動：蜜蜂振翅時所發出的波，也是蜜蜂溝通的方式之一。

紫外線：蜜蜂的複眼對紫外線很敏感。

蜂舞：別會錯意，蜜蜂們沒有要去參加舞會，這是種溝通語言，透過跳舞可以告知工蜂同儕蜜源的方位。

蜂語：聽到蜜蜂也有語言，許多人會嚇一跳。然而蜂群要能運作良好便需要溝通的語言：像是特殊的飛行方式，或是我們聽不見的細微噪音。

迷巢：雖具有良好方向感，蜜蜂自外飛回時，還是有可能認錯蜂箱而誤闖他箱（他巢），尤其若蜂箱放置方向欠佳。

圍王：尤其在介入新王時發生，瘋狂的工蜂包圍新王，想置其於死地。

失王：指蜂箱裡頭無王。蜂農在春季查蜂時，應該可以馬上察覺。失王原因很多：可能移動蜂箱時被壓死、越冬時死亡或老死等等。

蜜醉：當蜜蜂一時間獲取非常大量的花蜜時（如油菜花蜜）可能產生的現象。

盜蜂：他箱蜜蜂飛到隔鄰的弱群蜂箱，強搶蜂蜜後離開。

蜂鬍：春天時，因蜂箱內缺乏空氣或是空間，許多蜜蜂掛在蜂箱，像蜂箱留了鬍子一樣。

蜂巢與蜂產品

蜂巢（巢脾）：單一巢房的集合名稱。

蜂房（巢房）：在巢脾上，有給培育工蜂時所住的蜂房，也有給雄蜂住的蜂房（空間較大一些），有時（例如分蜂時期）還能見到一個或多個給蜂王住的蜂房（稱為王臺，呈花生殼狀）。

子脾：住有蜂卵以及幼蟲的巢脾。

贅脾：在蜂箱內或是野蜂在樹幹上建築的多餘巢脾碎塊。

封蓋：蜜脾上的封蓋蠟呈白色，不透氣。子脾上的封蓋蠟呈褐色，可透氣。這個差別解釋了為何蜂蜜必須密封，而子脾能夠呼吸。

蜂蠟：約18日齡工蜂所分泌的蠟質，她會以後足收集自腹部下方所分泌的蠟鱗，咀嚼後，交予其他工蜂一起建造巢房。

蜂蜜：蜜蜂自植物採取花蜜後，經「釀造」轉化後的美味物質。

蜂膠：蜜蜂在部分植物的樹芽採取樹膠後，加以改造成蜂膠。蜜蜂以蜂膠填補蜂箱隙縫與破洞。以樹膠為基底的蜂膠對人體有不少療效。

蜂王乳：也稱為蜂王漿，內含許多含氮物質以及脂質，它是蜂王幼蟲的食物。此外，人類只要吃下小小一匙，也能獲得不少健康上的助益。

蜂蜜酒：這以蜂蜜為基底的飲料非常可口，但知道的人不多，昔日卻是相當知名。它的味道會因製作的目的不同而改變。商業銷售（以人工選育酵母發酵）與蜂農自用（依產區不同，以葡萄汁或蘋果汁去發酵）就會產生味道差異。

甘露蜜：由蚜蟲排出或是某些植物滲出的甜液，經蜜蜂採收後釀成的特殊蜜種。

蔗糖：化學名Saccharose。蜂蜜裡自然含有微量蔗糖。依據植物長在平原或山裡，蔗糖含量也會有所差異。

蜜源植物

蜜腺：部分植物具有此腺體，能分泌蜜蜂喜愛的甜美花蜜。

花蜜：由植物蜜腺所分泌的甜汁，蜜蜂採回後將它轉變成蜂蜜。

唇形科：唇形科植物相當多種（如薰衣草、迷迭香、牛膝草、鼠尾草、百里香等）。蜜蜂可以它們的花蜜釀出高品質蜂蜜。

花粉：其質地與重量就跟灰塵差不多，花粉來自花朵的雄蕊，並由蜜蜂採回。花粉對於工蜂以及幼蟲的營養非常重要。昆蟲，尤其是蜜蜂在採集花粉時，會將花粉帶至雌蕊柱頭上使植株受精。

授粉：雄蕊上的花粉被帶到雌蕊上就完成授粉。授粉還分直接的自花授粉以及間接的異花授粉。

養蜂環境與場地

溫度：溫度變化對於蜜蜂的活動以及築巢有明顯影響。一般認為，蜂群要能維持良好運作，外界溫度需在攝氏25度左右，蜂巢中則約36度。溫度對於蜂王產卵以及子脾中卵孵化成為幼蟲皆有影響。

濕度：大量蜜蜂群集在蜂箱內，勢必會造成裡頭的濕度過高，蜂農可在巢框上放置亞麻布以吸收過多的水蒸氣，濕度過高會對蜜蜂造成相當的傷害。

通風：夏天熱浪來襲時需要通風，冬天也不例外，冬季時不要過度塞堵巢門，但還是要小心天敵入侵（老鼠、田鼠等等）。

蜂箱擺置：最佳地點必須不潮濕、有籬笆擋住強風、出口朝向日出風向，以及蜜蜂需要的天然或人工水源。

蜂場：眾多蜂箱的集合放置點。蜂場場址的選擇對於蜂群的良好運作至關重要。

蜂場間距：兩個蜂場之間相隔的距離，蜂農必須遵守，且每個省分法規所規定的距離不太相同。若無法規，則各地市長可以自行決定間距。

養蜂設備

蜂箱：蜂群的居所。可以分兩大類：固定式（柳枝編織蜂箱、樹幹蜂箱等）以及活動巢框式蜂箱（達頓蜂箱、郎氏蜂箱與瓦諾蜂箱等）。

蜂箱（舊型）：法語Bournas為古時的蜂箱名稱，當時製作材料是麥稈、黏土或樹幹。不同地區稱法不同（如Bourgne、Bornais）。

小蜂箱：內可放置五支巢框的小型蜂箱，讓蜂群暫住用。也有育王用小蜂箱以及交尾用小蜂箱。

蜂箱腳架：我們常會忘了蜂箱腳架的重要性，它可隔離蜂箱濕氣以及防治部分天敵。蜂箱腳架有不同的形式：如金屬管狀腳架、木頭腳架、單純墊以輪胎、空心磚等等。

繼箱：繼箱與其下的巢箱的長寬大小一致，但高度通常只有巢箱的一半（但這也與所使用的蜂箱類型有關）。繼箱的放置時機首在大流蜜時期，加上蜂口眾多，巢箱空間不敷使用。

巢框：依據蜂箱形式不同，以不同尺寸木條拼成的四方形養蜂框架，中間綁有鍍錫鐵線，其上黏有巢礎。巢框被放置於巢箱中，每框之間必須留有「蜂路」以利蜜蜂通過。蜜蜂會在上頭建築巢脾。巢框首在1849年的巴黎博覽會中展出。展出人是De Beauvoys（1797~1864）。

巢礎小截片：被剪裁成一小片的巢礎，藉由蜂蠟黏附在巢框最上端。

巢箱隔板：與巢框同樣大小的木板，可以區隔巢箱空間。

巢門縮小器：以木板或是鋅版製成，概念很簡單，就是在秋季時以之縮小巢門，以避免某些天敵在冬季時侵入蜂箱，造成危害。

箱蓋：依據使用蜂箱的不同，箱蓋可能是平的或是小木屋斜頂式的，箱蓋材料可能是木料、麥稈、包覆鋁片的木板、塑膠或是鋅板等等。

副蓋：就是蜂箱裡的天花板，可以是木料、塑料或是麻布。用來保護巢框。

麻布：質地粗獷的麻布通常用來製作麻布袋，但它還另有用途：蜂農可拿它當作副蓋，之後還可用來當燃料。

起飛板（飛行口）：也稱為蜜蜂起飛板，位於蜂箱正面下方，方便蜜蜂出入。仔細觀察起飛板，也可以判斷這群蜜蜂的健康狀況是否良好，再決定是否應揭開蜂箱，進一步檢視巢框。

蜂箱遮雨板：蜂箱前簷突出的設置，可讓蜜蜂起飛板不受雨淋，可以是固定式或活動式。

隔王板：此隔板可讓工蜂通過，但蜂王則因身形較大無法通過。當我們在巢箱與繼箱之間放置隔王板，則蜂王便無法上繼箱去產卵。

採水槽：並非養蜂專用的名詞，卻不可或缺。即在大容器裡裝水，並放些漂浮物（避免蜜蜂溺斃），會被放在每個蜂箱裡以提供蜜蜂足夠的水源。發揮一點想像力，就可有不同提供蜜蜂水分的方式。

養蜂工具與材料

巢框火：蜂農不可或缺的工具，主要組件是爪子和彈簧。但使用起刮刀也相當方便，查蜂時，可以用來撬開黏住的繼箱或巢框。

王籠：帶網的盒子，方便安全地運送蜂王，也利於介王手續。

人工王臺：用以培育蜂王的人工王臺，可以是塑料或蠟質。

鋅：不少養蜂器具由鋅這個金屬製成（如王籠、巢門縮小器等等），不過目前鋅有被塑膠取代的趨勢。

巢框線：巢框線通常以一捲250或500公克販售，通常鍍鋅或鍍錫，此線被安裝在巢框內，用以黏固巢礎，裝線方向可以是垂直、水平或其他方向。

巢礎壓印機：用來壓製巢礎片的金屬器械。

人工飼餵器：因補糧食不足或激勵作用，而用以餵食蜜蜂的器具。蜂具店有售不同形式飼餵器，自己動手也能做出不同的創意飼餵器。

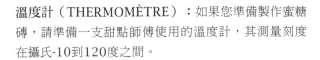

溫度計（THERMOMÈTRE）：如果您準備製作蜜糖磚，請準備一支甜點師傅使用的溫度計，其測量刻度在攝氏-10到120度之間。

蜂舌丈量器：這設備鮮少被提及，就是用來丈量工蜂中舌長度。有些花朵的花蜜藏於最深處，工蜂舌長無法探得，所以不再探訪該植物。

脫蜂器：放於繼箱和巢箱中間，可讓蜜蜂飛出巢箱，卻同時無法進入繼箱，以方便採蜜作業。

採蜜工具與裝、設備

蜂帽：重要裝備，可以保護蜂農臉部不受蜂螫。

巢蜜盒：放在蜂箱裡的無底無蓋小盒，塑料或是木質，用以收取蜂巢蜜之用。蜂巢蜜外觀吸引人，是餽贈親友的好選擇。

蜂刷：採蜜時會需要用到蜂刷將巢框上的蜜蜂刷落一旁，刷毛必須軟硬適中以利作業。

割蜜刀：採蜜時，用之割除蜜蓋，好方便將蜂蜜自蜜脾中搖出。

燻煙器：這是蜂農不可或缺的養蜂工具。所噴出的必須是白色的冷煙，因此必須注意燃燒所使用的材料。

移蟲針：用以培育蜂王的小器具。一端像湯匙，可用來挑起蜂王乳，一端有小鉤，可以輕巧地挑起幼蟲，再輕巧地將幼蟲置入工王臺中。

濾網：將蜂蜜萃取出來後，蜂蜜濾網是必要的工具，可以濾除像是蜂蠟碎塊或是蜜蓋等雜質，又稱「蜂蜜濾篩」。

濾蜜槽：裝蜂蜜的大不鏽鋼桶槽，裡頭有濾網，靜置過濾後，使蜂蜜自下方流出。

蜜蓋融化器：用來分離殘留在蜜蓋上的蜂蜜。所收蜂蜜透過隔水加熱可使其變溫。重量較輕的蜂蠟會浮在蜜上，且藉由電阻將它融化。這機器可將蜂蜜和蜂蠟分別流出。

日光曬蠟器：有玻璃窗的日光曬盒，可緩慢融化蜂蠟。

搖蜜機：將蜜自巢框搖出的工具，分手動或電動。搖蜜機有不同種類，分成弦式與輻射式兩大類。

養蜂工作與程序

與蜂相處與對待：查蜂時，請維持心情冷靜，請帶燻煙器、燃料、起刮刀與蜂帽，尤其要注意手法溫柔，您的慌張冒失都會激怒蜜蜂。

一月：蜂農一月的主要工作就是巡視蜂場，觀察蜂箱起飛板有無異常情況發生。還可利用時間修理、重漆蜂箱，並視需要多放幾支巢框到蜂箱裡。

六月：相當忙碌的月分，首先，如果您先前因為流蜜情況佳，而放上繼箱，這時該拿下繼箱了（如果巢脾已封蓋）。六月也是育種選種的好時機。

七月：不管您所在地區為何，這個月分都需要全神貫注。如果所在地區流蜜仍旺：則需放置或是取下繼箱。如果所在地區已到花期末端，則需要注意蜜蜂是否有足夠糧食。

九月：依據地區不同，九月分可能是採蜜季節，或是幫蜂群做好越冬準備的時刻。

越冬：越冬不良可能造成嚴重後果，為讓蜂群能好好撐過冬天，必須確認蜜蜂有足夠糧食（不總是那麼好判斷，因為暖冬會讓蜜蜂吃糧速度加快）。製作蜂箱的木料也扮演越冬是否容易的重要因素。

育種：經過蜂農選育過的蜂群可以近乎「完美」，蜂王愛產卵、工蜂個性溫和且工作勤奮。

幫蜂王做記號：您可自行決定是否幫蜂王做記號（有些人不喜歡），可上漆或是貼上有色圓形貼紙（顏色每年變更），目的是更快速地找到蜂王。

育王：蜂農可藉由育王來選種、換掉老衰王（蜂王）或是幫失王群介王。育王需具有充足的蜜蜂相關知識。

剪翅：剪去蜂王一邊或兩邊的翅膀，以避免分蜂群隨著蜂王飛離。

介王：蜂王太老，或失王，都需要進行介入新王。介王有許多種方法，最常用的就是使用王籠。不過當您具備一些經驗之後，可以自行決定最好用的方式。

敲擊：敲擊蜂箱側邊好讓蜜蜂往上移動至過箱用的收蜂箱，以利稍後將蜂群過箱至有活動巢框的蜂箱。

將蜂群過箱至有活動巢框的蜂箱：即將老式固定式蜂箱（樹幹蜂箱、麥桿蜂箱等）裡的蜜蜂移轉到有活動巢框的蜂箱，可讓蜜蜂住得舒服一點。過箱有多種方式。

併群：將兩弱群合併成一群，或將無王群和一弱群合併成箱。

燻煙：打開蜂箱前，朝箱口噴幾下燻煙有助蜂群維持冷靜。燃燒的材料可以是亞麻布、木屑或是乾燥的葉片。重點是噴出的必須是白色冷煙。

人工飼餵：分兩種。第一種是補足糧食之不足，以助越冬。第二種是於春季時，加強餵食以激勵蜂王產卵。

蜜糖磚：以蔗糖和蜂蜜製成的固體糧食，可激勵春季的蜜蜂，也可以補充秋冬糧食之不足。

蔗糖：雖然吃蜜比起吃蔗糖健康，但也不要貶低蔗糖的用處，因為可用它製作糖漿與蜜糖磚來餵食蜜蜂。

轉地養蜂：即蜂農將蜂箱運載至蜜源正在盛開的地區，此法可讓蜂農在一年之內採收多次蜂蜜。

割除蜜蓋：蜂農在割除覆蓋在儲蜜巢房上的蠟質封蓋（由蜜蜂完成）後，才有辦法取蜜。

蜂病治療：在進行任何療程之前，建議先聯絡衛生局人員前來觀察與建議。

疾病與蟲害

氣管蟎病：由武氏蜂盾蟎引起的疾病，此蟎會寄生與攻擊蜜蜂的氣管。

蜂蟹蟎蟲害：由雅氏瓦蟎（蜂蟹蟎）帶來的寄生蟲害，會在蜜蜂各成長階段造成危害，算是相當棘手的蟲害。

幼蟲病：為傳染力極強的蜂病，致病原是幼蟲芽孢桿菌，它會攻擊子脾。又分為美洲幼蟲病和歐洲幼蟲病兩種。

五月病：這主要在五月春季發生的蜂病，只好發於成蜂，但要確認此病並不容易，所以建議如察覺蜜蜂健康出狀況，請通知衛生單位處理。

蜜蜂微粒子病：此傳染病是由蜜蜂微粒了這個微孢子蟲所帶來，寄生於成蜂腸道，此病診斷不易，因外在病徵與五月病近似。

食蜂昆蟲：把蜜蜂當作食物的蟲類總稱。

蠟蛾：鱗翅目昆蟲，此蛾若侵入蜂箱會造成相當嚴重的危害。若未做好預防措施，那麼即便是堆疊儲存的繼箱都免不了遭受蠟蛾進駐。

蜂蝨蠅：寄生在蜜蜂體表的雙翅目寄生蟲。

鬼臉天蛾：在夜間活動的大型天蛾，會潛入蜂箱盜蜜食用。

人物

阿方德雷（Aristippe Alphandéry）：1832~1889。《園藝愛好者》（*L'Amateur de l'horticulture*）以及多本植物學著作的作者。

阿方德雷（Edmond Alphandéry）：前者之子以及《養蜂百科》（*Encyclopédie apicole*）的作者。

聖人安布羅斯（Ambroise ,Saint）：養蜂人的保護神。

安傑洛尼古（Émile Angelloz-Nicoud）：1885~1932，傑出研究者，著有與蜜蜂疾病相關的專書。

歐第伯（Audibert）：1896~1936，他是郎氏蜂箱的先驅者以及傳布者，還引介其他類型蜂箱，還是養蜂書作者。

貝通（Édouard Bertrand）：1832~1917，養蜂界非常活躍的人物，他的《蜂場設置》（*La conduite du rucher*）是必備經典。

布拉特（Johann Blatt）：瑞士蜂農，他改變了巢框尺寸，該形式被稱為Dadant-Blatt。

包尼爾（Gaston Bonnier）：1853~1922，巴黎索邦大學的植物學教授，也是科學院院士，著有《養蜂全書》（*Cours complet d'apiculture*）以及《新世代點花典》（*Nouvelle flore*）。

凱拉斯（Alin Caillas）：1887~1974，通俗養蜂書的作者，對蜂蜜的組成有廣泛研究。

達頓（Charles Dadant）：1817~1902，很年輕就開始養蜂，將某些蜂箱改造後，變得更好用，他也是「達頓蜂箱」的創始人。其養蜂著作內容扎實且非常實用。

弗里希（Karl von Frisch）：1886~1982，為《蜜蜂的生活與習性》（*Vie et moeurs des abeilles*）作者，藉由其專注的觀察，他對蜂舞的意義有精準的解釋。

聖人依德嘉（Hildegarde ,Saint）：植物學家的守護神。

雨伯（François Huber）：1750~1830，他雖15歲時就失明，卻是傑出研究者，在蜜蜂行為領域有重要發現，他的妻子與友人Burnens在研究上提供他許多協助。

郎斯托（Lorenzo Langstroth）：1810~1895，本來為教師，後來當過牧師，自從他因健康因素退休後便開始對養蜂產生興趣，他帶來的創意在養蜂界產生革命性影響：誰沒聽過郎式蜂箱呢？

雷恩斯（Georges de Layens）：1834~1897，在盧森堡花園的一場養蜂會議後，他決定開始養蜂。他戮力寫出許多讓大眾親近養蜂的書籍。和包尼爾合寫的書籍，都是養蜂人應該拜讀的經典。

林奈（Charles Linne）：1707~1778，知名瑞典自然學家以及植物學家，以其植物分類學和相關植物學著作聞名於世。

馬特林克（Maurice Maeterlinck）：這位生於1862年的作家，將其創見、哲思與科學觀察注入《蜜蜂的一生》（*The Life of the Bee*）一書當中，必須典藏的好書。

昆比（Moses Quimby）：1810~1875，美國蜂農，他是同名蜂箱的發明人，類似郎氏蜂箱，巢框尺寸為46×27公分。巢箱裡的隔板使用也是他首創。此外，他在臨終前發明了燻煙器。

列奧姆（René Antoine Ferchault de Réaumur）：1683~1757，知名數學以及科學家，著作甚多，尤以植物學以及自然史最富盛名，也是列氏溫標的發明人。

瓦諾（Jean-Baptiste Voirnot）：1844~1900，這位修院教士因著作養蜂相關書籍以及他所設計的方形蜂箱而聞名。

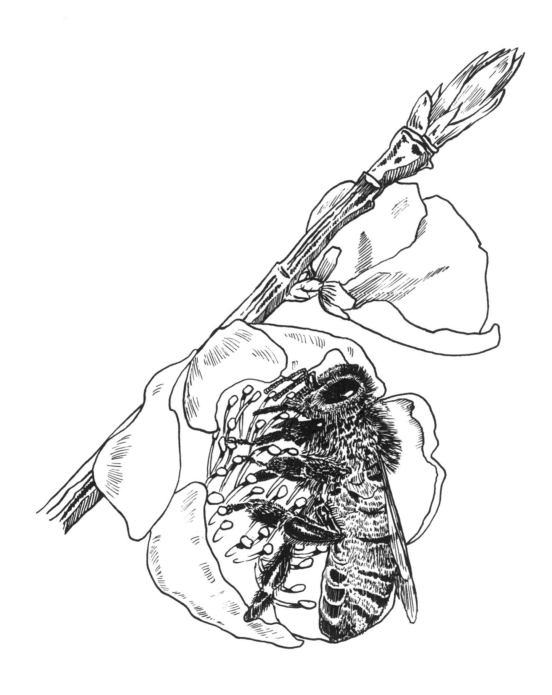

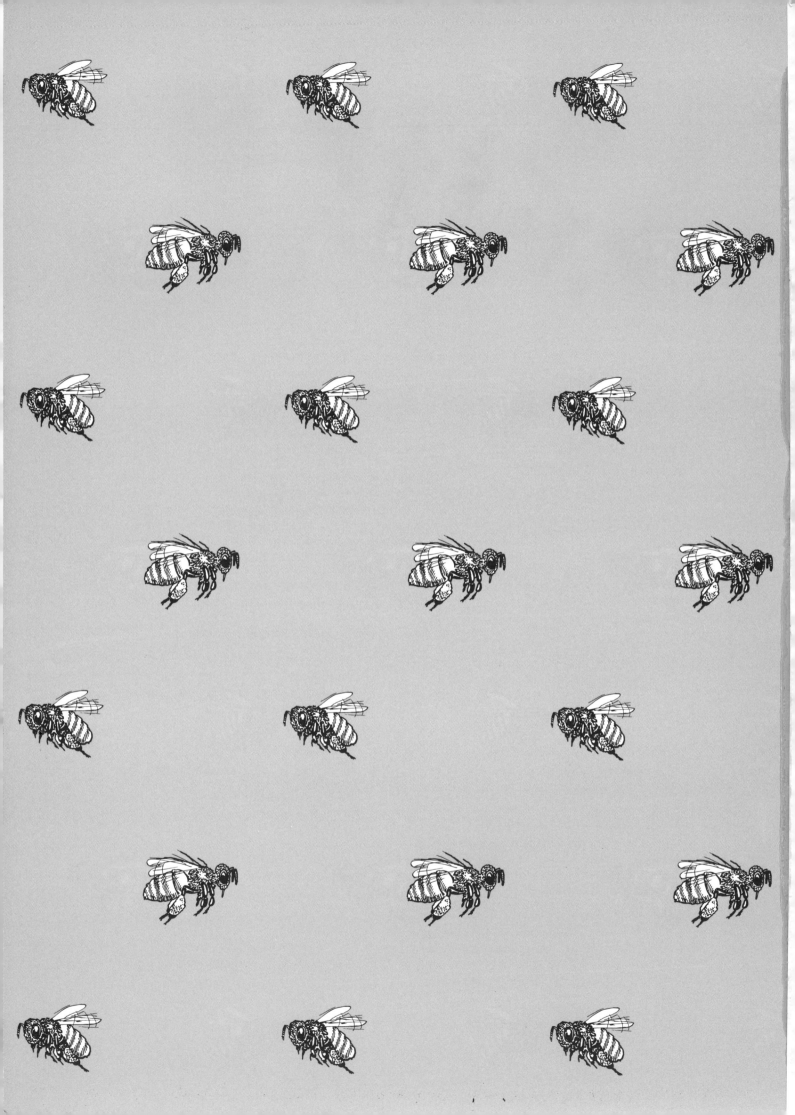